U0803190

美丽中国
我是行动者

爱在山河

知行合一

『美丽中国，我是行动者』
公众参与优秀案例选编

生态环境部宣传教育司 编

中国环境出版集团·北京

图书在版编目（CIP）数据

爱在山河 知行合一："美丽中国，我是行动者"公众参与优秀案例选编 / 生态环境部宣传教育司编. --北京：中国环境出版集团, 2020.7

ISBN 978-7-5111-4345-7

Ⅰ.①爱… Ⅱ.①生… Ⅲ.①生态环境保护－案例－汇编－中国 Ⅳ.①X321.2

中国版本图书馆CIP数据核字(2020)第083032号

出 版 人 武德凯
策划编辑 徐于红
责任编辑 赵 艳
责任校对 任 丽
装帧设计 艺友品牌

出版发行 中国环境出版集团
（100062 北京市东城区广渠门内大街16号）
网 址：http://www.cesp.com.cn
电子邮箱：bjgl@cesp.com.cn
联系电话：010-67112765（编辑管理部）
010-67162011（第四分社）
发行热线：010-67125803，010-67113405（传真）
印 刷 北京盛通印刷股份有限公司
经 销 各地新华书店
版 次 2020年7月第1版
印 次 2020年7月第1次印刷
开 本 787×1092 1／16
印 张 8.75
字 数 200千字
定 价 68.00元

【版权所有。未经许可，请勿翻印、转载，违者必究。】
如有缺页、破损、倒装等印装质量问题，请寄回本集团更换。

中国环境出版集团郑重承诺：

中国环境出版集团合作的印刷单位、材料单位均具有中国环境标志产品认证；中国环境出版集团所有图书"禁塑"。

行动起来就是改变

为深入贯彻落实党的十九大精神和全国生态环境保护大会精神，生态环境部、中央文明办、教育部、共青团中央和全国妇联于 2018 年 6 月 5 日联合部署开展“美丽中国，我是行动者”主题实践活动，旨在倡导简约适度、绿色低碳生活方式，以提高全民生态文明素养，在全社会营造人人、事事、时时、处处崇尚生态文明的社会氛围。

为推进“美丽中国，我是行动者”主题实践活动深入开展，生态环境部宣传教育司与中国环境报社联合举办了主题实践优秀案例征集评选活动，以发挥其典型示范、价值引领作用。

自 2018 年 12 月活动启动以来得到各地响应，共征集到有效案例 200 余个。这些案例紧紧围绕“美丽中国，我是行动者”主题，充分展示各地开展的各具特色的践行绿色生活、保护生态环境的良好实践，倡导社会各界把对美好生态环境的向往转化为思想自觉和行动自觉。

此次活动征集到的案例，既有跨区域实践案例，也有地区性项目，案例覆盖了我国 26 个省（区、市）；从活动参与主体来看，既有各级生态环保宣教部门，也有非政府组织（NGO）、企业、学校等；从面向领域来看，既有综合类、学校类、家庭类，也有社区类、农村类及机关企事业单位。

按照公开、公平、公正原则，经专家评审，江苏“环境守护者”行动、“绿

色离校”全国校园公益行动、长江源斑头雁保护青海项目、上海社区垃圾分类减量项目、光大国际环保设施整体开放、奉化生态环境议事厅、千村妇女争创绿色庭院、菜鸟“回箱计划”、陕西“行走三江三河”系列活动以及村寨生态守护行动等案例，获得“美丽中国，我是行动者”2019 年十佳公众参与案例荣誉称号。在 2019 年 6 月 5 日，由生态环境部和联合国环境规划署联合主办的世界环境日全球主场活动上，对获奖的十佳案例予以授牌颁奖。

为进一步发挥优秀案例的典型示范作用，现将获奖的公众参与十佳案例及 10 个优秀地方案例集纳成册，期待通过这些案例的创新做法，为各地开展“美丽中国，我是行动者”主题实践活动启迪智慧、分享经验，为打好污染防治攻坚战、建设美丽中国打下坚实的社会基础。

本书参与编写人员有张辉、张黎、陈妍凌、王琳琳、肖琪。由于时间和水平有限，难免有错误和不妥之处，敬请广大读者批评指正。

“美丽中国，我是行动者”公众参与优秀案例编写组
2019 年 12 月 1 日

▲ 2019 世界环境日全球主场活动十佳公众参与案例颁奖现场。

目 录

目录

江苏“环境守护者”行动

组织单位：江苏省环境保护宣传教育中心

推荐单位：江苏省生态环境厅

案例简介

2017年8月，江苏省环境保护厅（现江苏省生态环境厅）面向全省公开招募“环境守护者”，经各设区市环保局和省厅逐级评审，最终642名环保热心人士成为首批“环境守护者”。2018年1月，江苏首批“环境守护者”在接受了省厅统一培训后，正式走马上任。他们在江苏各级生态环境部门的指导下，借力“环境守护者手机端APP”和“江苏省环保公众参与信息管理系统”等信息化技术手段，直接参与全省的环境公共事务管理，成为生态环境部门的“鹰眼”和“参谋”。

遍布江苏全省的“环境守护者”队伍积极向各级生态环境部门提交环境违法线索、工作意见和建议，在群众和政府部门之间搭起沟通的桥梁，江苏生态文明建设融入了民众智慧。他们带头组织开展各类环保公益活动，用实际行动践行“美丽中国，我是行动者”诺言，引导公众选择绿色低碳的生活方式，在全社会营造崇尚生态文明的良好氛围。

实施过程

实现从“人人看到环境问题”到“人人参与解决环境问题”需要一个较长过程。为此，江苏省环境保护宣传教育中心主动加强引导，主动搭建平台，主动畅通渠道，让环保公众参与既聚人气，更接地气。全省首批“环境守护者”在各级生态环境部门的指导下，监督环境治理，化解环境矛盾，促进社会共治，营造人人参与环境保护、齐心推动环境问题解决的共建共享氛围。

江苏各设区市环保局向社会征集“环境守护者”，并报送省厅最终核定。642名环保热心人士成为首批“环境守护者”，并于2018年1月正式走马上任。首批江苏“环境守护者”在各级生态环境部门的指导下，通过“环境守护者手机端APP”和“江苏省环保公众参与信息管理系统”两项信息化技术手段，监督环境治理，传播绿色理念，化解环境矛盾，参与生态环境事务的管理。江苏省环境保护宣传教育中心每月评出“优秀环境守护案例”，

▲“环境守护者”带领学生检测水质。

▶“环境守护者”刘宏泽成为社区居民“不掉线”的环保顾问。

每年评出“优秀环境守护者”，在“江苏省环保公众参与信息管理系统”对全省首批环境守护者进行动态管理。

“环境守护者”重点开展和参与四个方面活动：定期观察和记录当地环境现状及变化情况，为改善环境质量、加强环境监管建言献策；监督大气、水、土壤污染防治以及“263”专项行动实施、企业（园区）环境守法等情况，提供问题线索，提出意见建议；积极组织和参与环保宣传教育以及公益活动，传播绿色理念，带动影响身边的人感知环保、践行环保；积极参与环保圆桌对话等活动，协助政府部门有效化解环境矛盾和纠纷。

在组织管理方面，做法如下。

（一）江苏省环境保护宣传教育中心统一“环境守护者”的形象标识；开发“环境守护者手机端 APP”及“江苏省环保公众参与信息管理系统”；各设区市生态环境局负责“环境守护者”的日常组织管理。

（二）“环境守护者”在 APP 上传各类意见建议、环境污染违法信息及公益活动开展总结等；各设区市生态环境局安排专人作为信息管理员，负责收集、筛选、整理本地“环境守护者”的观察记录、监督信息、调研报告等，并将有关情况定期反馈至相关政府职能部门。

（三）各地生态环境部门结合本地实际，制定“环境守护者”守则，

▲ "环境守护者"接受统一培训。

进一步约定活动范围和相关义务，并各有侧重、更有针对性地组织开展环保主题活动，省环境保护宣传教育中心以小额资助的形式给予适当支持。

（四）各地生态环境部门不定期组织相关专业培训和座谈交流，提升"环境守护者"参与环境监督管理的能力和水平。

（五）各地生态环境部门充分利用电视、广播、报刊、网站、微博、微信等平台宣传，跟踪报道活动实施情况，扩大活动影响力。

（六）江苏省环境保护宣传教育中心每月组织"优秀环境守护案例"评选活动，活动成果在"江苏环保网""江苏生态环境""e 环保"微信公众号等平台集中展示；每年组织"优秀环境守护者"评选。

"环境守护者"和一般的环保志愿者不同，他们在江苏各级生态环境部门的组织下，担当起"五个角色"：一是示范员，带头践行绿色生活方式，用实际行动为周边群众做好榜样，起到示范引领作用；二是观察员，定期观察和记录当地环境现状和变化情况，为改善环境质量、加强环境监管建言献策；三是监督员，监督大气、水、土壤污染防治以及"两减六治三提升"

专项行动实施、企业（园区）环境守法等情况，提供问题线索，向生态环境部门提出意见建议；四是宣传员，积极组织和参与环保宣传教育以及公益活动，传播绿色理念，带动影响身边的人感知环保、践行环保；五是调解员，积极参与环保圆桌对话等活动，协助政府部门有效化解环境矛盾和纠纷。

在工作中，基于“一端一网”的信息化技术贯穿于工作全流程。

“一端”是指“环境守护者手机端 APP”，“环境守护者”可以直接用手机上传相关图片、视频、文字描述及位置信息，提交后各设区市生态环境局工作人员手机客户端将收到提醒，并可以第一时间进行回复。

“一网”是指“江苏省环保公众参与信息管理系统”，在这一系统平台，省市两级生态环境部门与全省 642 名“环境守护者”进行动态交流，各设区市生态环境部门安排专人对提交的信息进行有效性分析和回复，“环境守护者”提交的有效观察记录、监督信息和调研报告将会定期反馈给各地“两减六治三提升”专项行动领导小组办公室、打好污染防治攻坚战指挥部办公室以及相关职能部门。

同时，该系统还可以对“环境守护者”的“工作业绩”进行多维度分析，责任心差、活跃度低的守护者，将会被取消资格，每年评选出的“优秀环境守护者”及“优秀守护案例”提交者则会得到奖励。

成果与影响

参与，是共建美丽中国的重要环节。近年来，江苏省环境保护宣传教育中心以构建良好环境公共关系为主线，多维度、全方位地聚合力量，主动加强引导、主动搭建平台、主动畅通渠道，让生态文明建设公众参与既聚人气，更接地气。

“环境守护者”队伍成为继“全省环保社会组织联盟”“全省青年环保公益社团联盟”后又一支重要的“新生”民间环保力量。在公众对改善环境质量的需求越来越迫切、对环保工作心存各种误解，导致“习惯性质疑”和“群体性抱怨”的时候，环境守护者都用真情与公众交流，用真相消除他们的疑虑，成了协助环保部门的“热心人"，服务百姓的"贴心人"。

活动开展以来，全省"环境守护者"在守护者APP上传数千条环境问题线索，推动了一大批环境问题的解决。

环境守护者中，年龄最大的为82岁，最小的为5岁，来自全省各个行业，他们当中，大多没有专业的环保教育背景，却秉持一颗爱护环境的心，用自己的视角去发现生态文明建设和环境保护中的亮点与不足，当好各级生态环境部门的"参谋"。他们在江苏各级生态环境部门的组织下，传播绿色理念，协助政府部门有效化解环境矛盾和纠纷，以自己的实际行动践行"美丽中国，我是行动者"的诺言。

“绿色离校”全国校园公益行动

组织单位：物物福公益团队

推荐单位：首都精神文明办

案例简介

发起于2012年的“绿色离校·绿色感恩”项目，是目前国内影响力最大的高校公益活动之一，通过因地制宜地开展丰富多彩的活动，如“毕业生为母校栽下一棵树添一份绿”“校园爱心传递，毕业生把不需要的书籍免费赠给学弟学妹”“温暖水杯，回收塑料瓶购买水杯，用公益影响公益”等，旨在倡导毕业生在离校时通过绿色回收等公益行动，减少资源浪费，为社会创造价值，践行学生的社会责任，不仅为毕业生带来独特的毕业季，更在他们心里种下一颗绿色公益的种子，传递环保、感恩之心，推动青年人积极践行绿色生活方式。活动开展7年来，已覆盖全国1000多所高校、中学，累计引导超过百万学子参与环保行动。

实施过程

每到毕业季，毕业生需要处理的被褥、衣物、书籍等物品堆积如山，高三毕业生有撕书现象，造成大量资源浪费，在校学生感恩教育也有所缺失。“绿色离校·绿色感恩”项目为解决这一问题提供了新的思路，通过因地制宜地开展绿色回收等活动，让大量闲置衣物、书籍循环利用起来，变废为宝，避免了资源浪费；毕业生通过绿色行动为社会创造价值，践行了自己的社会责任，让毕业季变得更加文明、有序、温暖，为校园增添了一抹绿色；同时也培养了在校学生“绿色感恩”的理念，引导学生通过参加公益活动，放松心情，舒缓学习压力。

项目采用校园社团承办的方式，由各学校社团自主报名。这样可提升学生自身积极性，同时由社团在本校发起，比校外发起的更受老师青睐，

▲ 第八届“绿色离校·绿色感恩”项目启动仪式志愿者合影。

使项目通过率达到 100%。

团队方面，项目所有人员均为业余公益人，但团队已成体系，采用总负责人→全国协调员→区域协调员的模式；全国协调员须参与项目管理 3 年以上，区域协调员均参与项目 1 年以上。

招募方面，每年 4 月初开始接受全国校园社团报名；除了覆盖现有的千所校园社团外，还通过新媒体进行项目推广，尽可能扩大覆盖面。

执行方面，报名结束后，举行项目启动仪式，公布参与的校园社团，为每个参与社团配备协调员，进行线上集中培训，并在活动 QQ 群内实时解答活动疑问，同时向社团发放物料。

活动集中开展时间为每年 5 月中旬—7 月初（部分开展“绿色入校”活动的社团会延期至 9 月底）。活动期间协调员会跟进每个社团的活动情况，并及时对社团进行指导、开展媒体宣传报道。社团活动结束后，协调员会收集所有开展活动社团的总结材料，进行全国项目的总结及评选活动，并在线上同步公示，10 月中旬颁发证书奖励。

活动所有回收的物品均不统一处理，本着各学校“就近处理”的原则，塑料瓶直接卖给回收站，所得资金作为爱心基金，用于往后的公益活动；实用性较大的书捐赠到图书馆供师生借阅，其余书籍免费发放给在校学生（或新生入校时发放）；衣物则由各地慈善总会、公益机构进行整理及再利用。

“绿色离校·绿色感恩”项目因地制宜地开展公益活动，一举多得。对于大学毕业生来说，这是在校最后一堂课、走入社会的第一堂课——绿色、感恩；对大一新生来说，这是充满正能量的开学第一课——环保、互助；对于高三学子来说，以此为平台，提升了环境意识，培养了感恩之心，以更加乐观、自信的心态迎接高考。项目开展的活动主要包括“毕业生为母校栽下一棵树添一份绿”“校园爱心传递，毕业生把不需要的书籍免费赠给学弟学妹”“温暖水杯，回收塑料瓶购买水杯，用公益影响公益”“山区爱心传递，毕业生把不需要的生活用品捐赠给山区孩子”“绿色心灵互动，优秀毕业生向学弟学妹介绍自己成长经验”“开展环保感恩讲座及论坛，树立环保意识，传承感恩之心”“带着感恩去高考，留下绿色校园，毕业不撕书”等多项活动。

而各参与社团也本着“绿色环保的方式、感恩的心态、奉献的精神”，因校各异地开展丰富多彩的公益活动。如中国石油大学开展环保公益讲座，鼓励即将告别母校的学子做绿色行动派，激励在校学生心怀感恩，做环保先行者；东北林业大学呼吁毕业生参与组织捐赠旧物，打造爱心礼包，打扫寝室卫生，为学弟学妹留下一个干净的环境，为贫困学子提供一些力所能及的帮助；乐山师范学院举办“绿色离校，酷跑校园”，让毕业生与老师一起体验户外健康运动，提倡绿色低碳的生活方式；铜陵学院大学生绿野环保协会举办了“绿色离校·牵手未来”之保护淡水豚活动，用实际行动保护水生动物；重庆梁平红旗中学的高三学生们喊出了“毕业季，我们不撕书”的口号，得到社会各界的赞扬和鼓励，等等。

成果与影响

“绿色离校·绿色感恩”项目让大量闲置的衣物、书籍循环利用起来，变废为宝，让毕业季变得更加文明、有序、温暖；同时为校园增添了一抹绿色；为毕业生们送去了一份既有新意、又有心意的离别礼物，并在他们心里种下一颗绿色公益的种子，把环保、感恩、文明如星火般传递下去，成为青年人的文明新风尚，从而推动

▲“绿色离校·绿色感恩”全国项目发起人陈文森在活动现场致辞。

▲ 乐山师范学院开展“绿色离校·奔跑吧青春”活动。

践行绿色生活方式。

2019 年，第八届“绿色离校·绿色感恩”项目由首都精神文明办指导，中国环境报社、物物福公益团队联合主办，依托“榜样的力量”和“榜样的精神”，以“美丽校园，我是行动者”为主题，以“环保、感恩”为主线，主推“校园爱心传递”图书漂流、“衣起公益”衣物循环利用、“益暖童心”公益塑料瓶回收、“爱心搬运”等活动。全国活动累计循环利用书籍超过 19.5 万册、衣物超过 22 万件，回收塑料瓶超过 2 万个，志愿者为毕业生免费搬运行李超过 2 万余次。其中 199 个学校目前已经将活动升级为校级活动。第八届项目评选活动总访问量超过 355 万人次，总点赞量超 60 万人次。

项目启动 7 年来，累计参与院校超过 1000 所，引导超过百万学子参与环保行动；累计回收书籍 116 万余册、衣物 87 万余件、塑料瓶 44 万余个、其他产品 10 万余件，为毕业生免费搬运行李超过 2 万余次。回收的物品或

▲ 2016年6月，沈阳农业大学"绿之翼"环保社团活动结束后整理物品。

是免费捐赠给在校师生，或是寄往偏远山区，受益人数超过百万。活动得到生态环境部、共青团中央、团中央学校部等官方微博、微信公众号多次点赞转评，被人民日报官微、新华社客户端推荐，近百家主流媒体对活动展开报道。

长江源斑头雁保护青海项目

组织单位：四川省绿色江河环境保护促进会
推荐单位：四川省绿色江河环境保护促进会

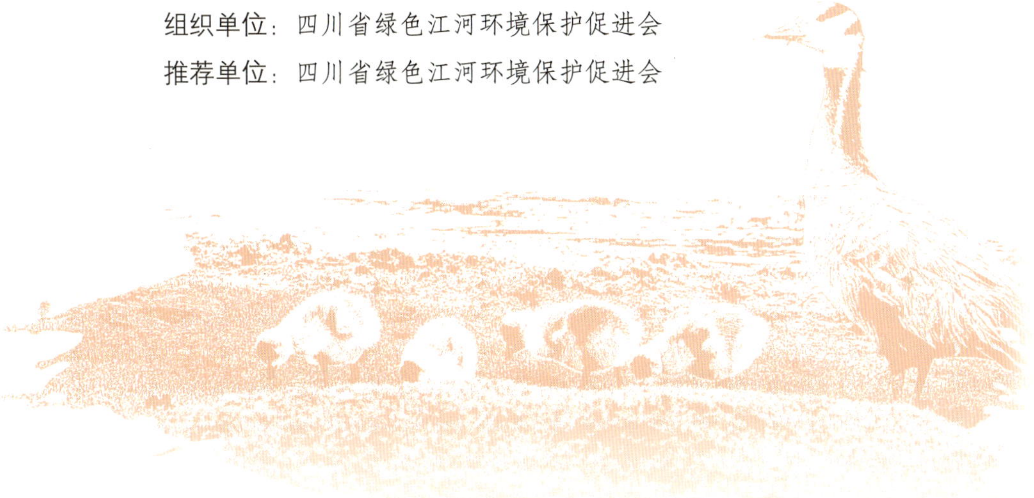

案例简介

位于青藏高原腹地的长江源地区，生态环境脆弱，生态地位却极其重要，生物多样性丰富。班德湖就位于长江源区域，属于沱沱河水系，这里是斑头雁在长江源的重要繁殖地之一。由于地处偏远、交通不便、自然环境恶劣且人迹罕至，在长江源区域开展野外考察极为困难，致使该区域野生动物基础数据缺乏，难以制定有效的保护策略。

2012—2018年，四川省绿色江河环境保护促进会（简称“绿色江河”）连续7年招募志愿者，在斑头雁产卵季驻守班德湖畔，守护迁徙到此繁殖的斑头雁种群及其他野生鸟类种群不受人为干扰，调查了解班德湖栖息地的鸟类种类和种群数量，通过高清摄像机和无线传送技术，近距离记录斑头雁孵化全过程，再通过持续网络视频直播和城市动物园响应，传播鸟类保护故事和知识，呼吁人们关注世界上飞得最高的鸟，呵护我们身边的野生动物。

这个项目把保护行动与科普传播有机结合，开展了高海拔地区持续时间最长的网络直播，进行了城市动物园科普教育活动的全新探索，树立了野生动物观测站的建设和功能设计的未来范本。

实施过程

连续 7 年守护斑头雁

斑头雁是世界上飞得最高的鸟之一，每年 4 月下旬飞越喜马拉雅山，从印度来到青藏高原繁殖。班德湖属于沱沱河水系，湖面面积约 4.5 平方公里，海拔约 4600 米。湖内有两个明显泥质岛屿，正是斑头雁在长江源的重要繁殖地之一。但是在过去，长江源每年有 2000 多枚斑头雁鸟蛋被盗捡。

从 2012 年开始，"绿色江河"连续 7 年招募志愿者，每年 4 月到 6 月驻守班德湖畔，防止盗捡鸟蛋者靠近，为斑头雁的顺利孵化保驾护航。

高海拔地区持续时间最长的网络直播

2018 年，"绿色江河"连续第 7 年在长江源开展斑头雁守护行动。相比于往年，这次除了完成连续 45 天的野外守护外，还开创性地开展了连续 45 天的网络直播"美丽中国，我是行动者——守护斑头雁 2018"，让人们能够实时观察生活于海拔 4600 米野外栖息环境中的野生动物。

这轮网络直播包含 11 场专题直播和 34 场常规直播。每场直播都紧扣当下热点，抓住网友兴趣点。比如，4 月 22 日地球日的专场直播"春回长江源，筑巢待雁归——斑头雁来了"，邀请长江源班德湖周边牧民参与直播，与各地动物园互动，呼吁大家共同关注和践行野生动物保护。

5 月 1 日的专场直播"劳动者光荣——斑头雁志愿者的营地生活"，以志愿者在野外观测站观察野生动物、捡拾牛粪、打水、做饭等为主要内容，展现志愿者在班德湖野生动物观测站的工作、生活全貌。

6 月 5 日环境日的直播，正赶上小斑头雁出壳的日子。一个半月的守候终于等来了振奋人心的时刻，一只只小斑头雁相继出壳，尽情沐浴着高原

▲ 2018 年在班德湖出生的小斑头雁。吐旦旦巴 摄

温暖的阳光。小雁的出壳给人们带来希望，也标志着“美丽中国，我是行动者——守护斑头雁 2018”直播活动取得圆满成功。

通过每天的常规直播和节假日的专题直播，大家一起见证了斑头雁回到长江源、求偶、交配、产卵、孵化、小斑头雁出壳的整个过程，也见证了斑头雁和它的邻居们——黑颈鹤、棕头鸥、渡鸦等其他鸟类之间的“恩恩怨怨”。

城市动物园科普教育活动的全新探索

“绿色江河”与全国动物园联盟合作，为城市动物园的科普教育活动提供了一种全新的解决方案。

在远离青藏高原的城市里，全国 18 家动物园参与联动，在动物园的大屏幕同步直播斑头雁孵化全过程，线下开展长江源野生动物图片展览、观鸟、绘画、校园宣讲等丰富多样的活动，全方位宣传动物保护与生态环境保护。比如，6月1日的直播“同饮一江水，共护长江源”，结合儿童节主题，邀请长江源牧区的小朋友来到班德湖直播现场，与各城市动物园线下活动点的小朋友互动，共话长江源生态环境保护。

野生动物观测站的建设及其功能设计的未来范本

“绿色江河”2018年的大型宣传活动还促进了当地野外观测站的建设。为保证项目顺利开展，“绿色江河”推动当地政府在班德湖畔建立起永久的“班德湖野生动物观测站”，成为长江源的第一个野生动物野外观测站。

观测站配备了太阳能光伏发电系统，为观测、拍摄设备和志愿者生活提供电能，中国移动铺设38公里光缆，建立信号基站保证观测站的手机通话信号和网络4G信号，确保直播信号的发送。观测站主体建筑由5个集装箱组成，喷绘与周围环境接近的颜色，避免破坏自然景观或惊扰野生动物。

4月20日—6月9日，“绿色江河”以观测站为基地，每隔5天进行一次班德湖鸟类种群数量调查，成功完成连续45天的野外守护，防止盗捡鸟蛋的人靠近班德湖。

▲ 班德湖网络直播现场。许亚辉 摄

▲ 班德湖野生动物观测站的网络直播导播室。

▲ 项目人员在班德湖鸟岛上调试拍摄设备和网络传输设备。

▲ 志愿者在班德湖畔进行鸟类种群数量调查。

成果与影响

推动斑头雁种群保护，班德湖区域斑头雁数量增长了近两倍

在 2018 年的斑头雁繁殖季，由于志愿者的接力守护，班德湖没有一枚鸟蛋被盗捡，同时没有观测到任何一起因人为原因造成的鸟类个体死亡案例。鸟类种群数量调查结果显示，2018 年在长江源班德湖栖息的斑头雁已经达到 3195 只，相较于 2012 年刚开始开展保护行动时，数量增长了近两倍，并已连续 4 年稳定在 3000 只左右。

创新城市动物园和野生动物观测站科普方式

连续 45 天的网络直播创造了在高海拔地区开展的持续时间最长的网络直播的记录，为城市动物园的科普教育活动提供了一种全新的解决方案，为未来的野生动物观测站的建设及其功能设计提供了一种范本。

促进公众大规模关注并参与生态保护

网络直播共计开展 45 场，每场 2 小时，其中专题直播 11 场，常规直播 34 场。据不完全统计，全网共计超过 190 万人次观看直播或参与直播网络互动，新浪微博话题 # 守护斑头雁 2018 # 达到 148 万阅读量，18 家城市动物园共举办线下活动 53 场，共有 270 多万人次参与直播互动与线下互动，让斑头雁走进动物园、走进校园、走进更多人的生活，号召人们呵护生命，爱护自然。

引发媒体广泛关注

长江源斑头雁保护行动两次被《新闻联播》报道，在央视大型直播节目《直播长江》《东方时空》《24 小时》等栏目报道，通过中国国际电视台（中央电视台英语频道）面向全球上百个国家进行直播。多次被新华社、中新社以及各地方电视台、网络媒体、报纸等广泛报道，与生态环境部官方微信微博转载互动，直播信号通过澎湃新闻、界面新闻等媒体客户端转载传播，并接入三江源国家公园的实时监测信号。

上海社区垃圾分类减量项目

组织单位：上海徐汇区凌云绿主妇环境保护指导中心
推荐单位：上海市环境保护宣传教育中心

案例简介

2011 年，上海市“百万家庭低碳行，垃圾分类要先行”项目在全市推进。借此契机，上海徐汇区凌云绿主妇环境保护指导中心（以下简称“绿主妇”）以低碳环保为理念，在徐汇区率先开展了生活垃圾分类减量活动。通过垃圾分类宣传、推广、实践活动和具体执行，提升居民垃圾分类意识并引导付诸行动。

8 年来，“绿主妇”从干湿垃圾分类做起，不断进行总结、提升、深化和创新，摸索出一条“厨余变宝、循环利用、便民利民”的“绿色生态循环链”——湿垃圾源头减量生态循环链。通过项目活动的开展，为居民提供互动交流的平台，在寓教于乐中转变生活方式，为社区环境教育提供社会支持，提升社区生态环境质量。

实施过程

"绿主妇"以社区环保为切入点，着力构建社区场景下的生态环保实践，形成系统化和整体性的社区生态环保运营模式。通过项目活动的开展，为居民提供互动交流的平台，在寓教于乐中改变大家的生活方式，为社区环保教育提供社会性支持，提升社区生态环境质量。

"绿主妇"以社区调研和课程宣讲的方式进行基本的前期准备。社区生态环保运营模式主要从 3 个层面实施，将梅陇三村过去的生态环保实践基础利用起来，发动社区志愿者，结合新的设备、新的手段实现运营模式的升级。

在宣传动员层面，主要是意识的引导和植入，结合互联网平台，将社区相关问题的解决和实施等过程公开，在以事件为导向的宣传中实现理念的引导和灌输。在实际操作上，利用移动互联网实现社区事务的线上和线

▲ "绿主妇"骨干在分享环保技巧。

下互动，充分发挥互联网的传播和互动优势。

在行为引导与积分系统层面，以垃圾分类这种高频易操作的行为作为核心载体，区分积分行为与非积分行为，对积分行为进行激励。引导社区居民在行为层面进行社区生态环保实践。在实际操作上，“绿主妇”改装或者新购可以记录积分的垃圾桶。作为实现积分机制的基础，委托第三方对社区绿色账户体系进行设计开发，完善积分查询和兑换功能，确保更新后的社区绿色账户体系可以满足更多样化的需求。

在激励层面，以社区智能益空间为主要依托，通过社区智能益空间的运营积累社区资金池。社区资金池主要用于两类激励，第一类主要进行社区层面的整理提升，如社区的文化活动、社区公共设施的采购；第二类主要进行积分行为的个人和家庭激励。在实际操作上，“绿主妇”通过社区智能益空间的引进为社区生态环保行动未来的发展提供可持续的资金支持。

“绿主妇”注重从源头抓起，在基层党组织、居委会的支持下，开展了推广、宣传、展示、培训及实践活动，培育了一批得力的志愿者，利用家庭厨余分装投放，设立厨余资源回收点，进行湿垃圾定点投放，开展垃

▲ 尚艳华理事长展示“绿主妇”环保作品。

▲ 尚艳华理事长和"绿主妇"议事会成员讨论社区治理。

圾减量回收活动。

为提高参与者的积极性，"绿主妇"项目组为每户参与家庭发放积分卡，为项目的后续开展奠定了良好的基础。志愿者们作为参与者和直接受益者，积极投身于社区事务，培育了良好的自治意识。

"绿主妇"通过在梅陇三村的实践，总结出了五位一体及立体工作出击法。组织社区的多种力量形成合力，加强与社区委员会、物业、业委会、社区民警沟通统一协调处理社区事务，群策群力，充分发挥社区不同主体的责任。

在合作机制层面，"绿主妇"作为梅陇三村孵化的社会组织，推动社区生态环保实践的主要合作机制是主导发展方向，整合周边资源，引入优质社会企业，共同打造生态环保和谐的社区发展模式。在宣传动员层面，将互联网动员方式与传统方式相结合，结合社区活动特色在前期引入互联网的线上展示与宣传，提升受众接触规模。在行为引导层面，在垃圾分类操作上，更加细化和量化积分行为与非积分行为，引导社区居民进行积分行为，对积分较高的个人或者家庭进行激励。通过垃圾分类设备的智能化，实现积分行为的细化和量化，为后续的激励实施提供更有效的依据。

同时，整合社区周边的商业资源，提升激励机制的效果。重构了社区生态环保实践中的激励机制，让社区周边的商业资源深度参与其中，并且可以获得相应的收益。

“绿主妇”引进专业团队，为湿垃圾源头减量工作提供了先进的理念、合理的方法和专业的指导。借助“绿主妇”品牌效应，聚集了一批专业团队进行厨余收集、破碎处理、防腐防臭等工作。举行垃圾分类宣传活动，布设 20 个太阳能垃圾智能回收箱并负责处理及数据统计。借助品牌优势链接多方资源，将环保公益组织、企业等引入社区治理，依靠资源力量下沉，培育内部自组织，使得小区志愿者团队不断学习成长，专业性不断提高，成为社区垃圾源头减量工作最好的助力器。

“绿主妇”指导居民将收集后的湿垃圾进行粉碎发酵处理，实现厨余垃圾变废为宝。同时建立“酵素坊”，利用混合菌种发酵厨余垃圾，产生的液体酵素用于小区种植，固体等有机质肥料运送至农场进行二次堆肥或沼气发酵，减少化肥使用。据统计，当前小区每天分两次处理，平均每天实现厨余垃圾减量 180 公斤。

通过动员群文团队、“凌云小小志”、在职家庭、青年团体，组织各类自治团队现场参观梅陇三村湿垃圾分类处理、农场绿色循环链，提振居民参与热情，激发团队行动力，提高居民参与率，以“绿色环保”为主题，不断形成新的自治小组，开展“微绿地”“有机芽菜种植”“环保酵素坊”“循环超市”等活动。通过循环回路，种植出可追溯的绿色食品回馈社区，实现“取之于民而用之于民”，让居民真正了解厨余的用途、低碳生活的价值，实现真正的源头减量，提高生活品质。

2017 年起，“绿主妇”先后牵手郑州和厦门，为低碳社区治理注入“绿能量”。此外，“绿主妇”还与市内多个街道、社区联合开展了“2017 上海家庭减法生活——绿居行动”“与绿色同行”“让垃圾找到家”等环保自治项目，引导公众在生活、工作、学习中更好地融入绿色环保理念，共同打造绿色家园，建设美丽社区。

随着生态环保活动的开展，“绿主妇”团队的活动已不仅仅局限于环保公益行动，还参与到了对特殊人群的关爱之中，用关爱凝聚百姓的心。如组建了凌云“绿主妇”爱心编结社，联合龙华社区龙南的“绿主妇”和闸北区永乐小区、浦东新区云台一居委、虹口区爱易小区的"爱心妈妈"等公益组织，共同开展为贫困地区希望小学义务编结"爱心衣帽"活动。"绿主妇"爱心编结社共向广西、西藏、贵州、安徽、新疆等地的希望小学捐赠"爱心衣帽"1万余件。"绿主妇"不仅将绿色环保宣传和家庭可再生废弃物、旧衣物回收推向了常态化和专业化，而且将绿色环保行动渗透进大中小学、医疗卫生机构、科技园区、商务楼宇、社会公益组织，将绿色"中国梦"植入越来越多人的心田，以俭养德的生活理念赢得更广泛的社会认同和支持。

成果与影响

目前，上海市徐汇区凌云路街道梅陇三村已发放社区绿色账户1000余户，长期参与社区生态环保活动的志愿者超过百人。同时还带动周边10余个居委开展社区生态环保实践。在梅陇三村，活跃着"爱心编织社""生活垃圾源头减量""一平方米菜园"种植等13个志愿服务团队。

▲ "绿主妇"组织社区环保骨干参观合作农场。

在项目的带动下，梅陇三村的居民已养成了“湿垃圾手动破袋”“厨余垃圾单独投放”等垃圾分类的习惯，并吃上了用自家“垃圾”种的大米和蔬菜。“绿主妇”通过宣传实践活动，提高居民垃圾分类意识，推广家庭厨余分装投放，建立厨余资源回收点，与垃圾清运系统分离，形成“场社对接”新模式。在厨余源头减量基础上进行无害化处理及资源化利用，逐步实现社区湿垃圾零外排。

如今，“绿主妇”行动社区志愿者团队规模已从建立最初的 10 人扩大到 2600 多人，骨干志愿者达 580 名，仅梅陇三村就有 80% 的家庭不同程度地参与了自治家园的各种活动。“绿主妇”活动辐射面已达徐汇区 6 个街道、上海市 7 个区和全国 5 个省市。目前，梅陇三村及“绿主妇”团队共接待来自全国各地的参观团队 860 余批次，向 5 万多人次传播了绿色、健康、低碳、环保的理念。

光大国际环保设施整体开放

组织单位：中国光大国际有限公司
推荐单位：江苏省生态环境厅

案例简介

向公众开放环保设施是企业的义务和责任，是公众有效参与生态环境保护的重要途径之一，是建设美丽中国的务实之举。光大国际是中国光大集团骨干企业、香港联交所主板上市公司，旗下拥有环保能源、环保水务、绿色环保、生态资源等七大业务板块。2018 年 11 月 9 日，光大国际郑重承诺：率先以“企业整体”的名义向社会开放公司旗下 77 个环保运营项目，项目分布在北京、广东、江苏、山东、浙江等省（市），涵盖垃圾发电、污水处理、危废处置、生物质发电等业务领域，自愿主动接受公众和社会监督，并将不断增加开放数量，不断提高开放水平。

开放活动采取预约报名和集体组织相结合的方式和线上发动、线下对接的“双线并行”模式，邀请社会组织、媒体代表、热心市民、学生等社会各界人士广泛参与。利用政府网站、媒体、微信公众号等信息平台，提前公布开放时间、地点、内容、报名方式、行程路线等信息。参观者在网上就能直接报名，参观后还可以上网留言，将自己的参观感触、意见建议等及时进行反馈。

经过一段时间摸索，光大国际环保设施开放取得了一定成效，在公众中影响力日益扩大。通过环保设施向公众开放，促进在全社会牢固树立“美丽中国，我是行动者”理念，提高公众生态环境素养。

实施过程

2018年11月9日，光大国际郑重承诺：率先以“企业整体”的名义向社会开放公司旗下垃圾发电、污水处理、危废处置、生物质发电等业务领域77个环保运营项目，自愿主动接受公众和社会监督，并将不断增加开放数量，不断提高开放水平。

整体开放工作将在2018—2020年分3个阶段完成，其中2018年开放28个项目，2019年开放25个项目，2020年开放24个项目，合计77个项目。

为使公众开放工作落到实处，光大国际设立了环境管理部，履行运行质量、环境质量、公众开放等专门监督职责；挑选理论扎实、技术熟练、表达能力强的人员成立公众开放讲解队伍，并针对中小学生、大学生、社会群体、专业人士等不同群体，结合他们各自关注点，设计不同的讲解内容。

为保证公众开放效果，公司不断完善环保项目的软硬件设施建设。项目现场根据实物制作沙盘模型、设立宣传栏，在各主要参观单元处悬挂指示牌及构筑物简介图等，详细直观地展现生产运行状况；设立专门教室、多功能厅、影视报告厅等，配备投影仪、摄像机、网络电视等一系列设备，方便幻灯片、视频等多媒体资料的宣传和教学；建设“体验化、沉浸式、可扩展”的一体式展馆，在行业内首次实现环保教育展厅与生产现场参观的无缝衔接；制作了“光大净水宝宝探秘记”“跟着垃圾去旅行”等动漫视频、项目概况全景航拍视频及环保知识科普手册；在互动体验区设置了多媒体电子触摸屏，安装设计了多种垃圾分类、环保知识相关的小游戏等，增强公众的体验感。

以光大南京垃圾焚烧项目为例，随着经济高速发展、城市人口数量的暴增，2010年南京全市生活垃圾日产量就已超过5000吨，原有的3个填埋场在2015年底陆续满容封场，政府需要尽快为城市生活垃圾寻找出路。但在项目筹备初期，公众普遍存在“邻避”思想，对垃圾焚烧发电项目普遍存在担忧和诸多顾虑，致使光大南京项目在环评的公众参与环节遇到阻力。

▲ 光大环保（能源）南京有限公司中央控制室。

对此，光大国际南京项目公司开展深入细致的群众工作。融入群众，改善民生。企业成立了关心村民生计小组，主动了解村民的生活情况，帮助周边社区解决实际困难。注重沟通，多维宣传。在项目选址和环评论证阶段，向项目所在地的基层干部和村民群众开展垃圾收集、转运、处置的科普知识宣传，介绍垃圾焚烧发电项目的工艺技术特点、污染物排放标准以及生产运营过程对周边环境的影响等。作为公众参与工作的重点，先后组织政府工作人员和项目周边居民代表 22 批次 820 人实地参观光大国际投运的苏州、常州等垃圾发电项目。让群众对垃圾焚烧发电项目的安全性、科学性有一个全面系统的了解，消除其担忧和顾虑。建立多渠道的宣传途径，包括网上信息公示、征求公众意见建议，借助新闻媒体对项目进行客观公正报道，发挥媒体的教育和引领作用。

此外，光大南京项目坚持采取"高标准、高效率、高质量"模式，与周边环境和谐共处，务实打造垃圾发电项目循环、高效、集约型发展的典范，使其真正成为环保民生惠民工程。通过良好的民企、政企和政民之间的沟通，光大南京项目实现运营至今环保“零投诉”，并被打造成环保教育、环保科普、循环经济示范和工业旅游 4 种基地。

2018 年 11 月 8—9 日，全国环保设施向公众开放现场观摩活动暨光大国际环保设施整体开放启动仪式在南京垃圾焚烧项目现场举行。与会人员实地参观了南京垃圾焚烧项目现场，详细了解环保设施向公众开放有关情况，为同行业建设、运营及管理提供了引领和示范作用，在社会上引起良好反响。人民网曾发表文章赞誉南京项目掌握了成熟的、足以和世界一流发达国家相媲美的技术，成了行业领先、具有国际标准的行业标杆项目。

成果与影响

企业是污染治理的责任主体，向公众开放环保设施，让污染治理设施在群众监督之下运行，将有助于企业进一步增强内在治污动力，不断提升环境管理水平，开放是企业自律与他律的良性互动。通过环保设施向公众开放可以建立政府、企业的“公信力”，赢得公众的信任与支持。

▲ 瑞典驻上海总领事吴斐(Fredrik Uddenfeldt)现场参观南京项目。

▲ 学生参观光大国际杭州项目，并在互动区开展答题游戏互动。

环保设施向公众开放，可以让公众有效了解环境污染的成因以及政府、企业、公众在环保中的角色与责任，增强公众的责任意识；了解环保的规律，明白建设公共环境基础设施的必要性，从而在一定程度上破解邻避效应；了解政府为治理环境所付出的努力，增进公众与政府、企业的互信，从而增进公众对生态环境保护工作的理解与支持，进一步激发参与环境治理的积极性和主动性。

为推进绿色低碳发展，光大国际在行业内实现了 4 个率先：一是率先在中国推动采用欧盟 2010 标准建设垃圾发电项目；二是率先推行排放指标与项目当地环保部门在线联网，主动接受当地政府部门及公众监督；三是率先对外披露所有运营垃圾发电项目的排放标准及环境管理信息，成为业内首家披露排放数据及环境管理信息的企业；四是率先实行公众开放活动。

在过去的十多年，光大国际的大部分项目已陆续设立公众开放日，共接待了超过 100 万人次的参观、考察和交流。这种开放，得到了同行业单位对项目规范的运营管理、优异的排放指标的高度好评，为同行业建设、运营及管理提供了引领和示范作用，社会反响良好，在取得政府信任、激发公众参与生态环境保护的热情及化解邻避效应等方面发挥了极其重要的作用。

光大国际环保项目向公众开放，也改变了国外对中国环保技术落后的看法，赢得了极高的国际美誉度。2016 年 6 月 27 日，联合国 PPP 中心主任杰弗里・汉密斯顿先生参观光大垃圾焚烧项目后表示：“这是我见过最干净、最漂亮、最好的垃圾发电项目。中国企业在环境与企业社会责任的出色表现让我们感到十分钦佩，我们相信中国企业绝对有能力为提高中国乃至全世界的公众生活环境质量提供全方位、一站式的服务，与联合国 PPP 中心携手打造可持续发展的世界。”故此联合国 PPP 中心邀请光大国际牵头完成联合国垃圾焚烧 PPP 标准的制定，将光大国际的经验推广给更多国家。

奉化生态环境议事厅

组织单位：宁波市生态环境局奉化分局

推荐单位：宁波市生态环境局

案例简介

浙江省宁波市生态环境局奉化分局（原奉化区环保局）自2017年底开始，创新搭建新平台——“聚焦生态环境·奉化议事厅”（原名“聚集环境·奉化环保议事厅”，以下简称议事厅）。议事厅每期针对群众关心的热点环境问题、企业关注的环保管理难点选定主题，策划不同的议事流程，组织企业代表、镇街道（开发区）代表、群众代表、环保部门、三方代表等汇聚一处，进行广泛议事。截至2019年8月，共开展14期议事厅，1400多家企业和500多名群众积极参与线下议事，近10万名群众参与线上观看。

议事厅是一个宣传环境知识的平台、一个普法教育的平台，更是一个畅所欲言的平台。任何参与人员都可以在议事厅发表感想，畅所欲言，让生态环境部门了解企业和群众最忧、最怨的事情，以便研究探索解决的办法。

实施过程

议事机制规范化

问题导向“一事一议”。议事厅议题的选择坚持问题导向，分为六大类，即国家政策、热点环境事件、专项工作、疑难问题、突出环境问题以及分局党组认为应该纳入议事范围的议题。奉化分局根据这六大类范围，又细化制定了《可行性议事主题列表》，将22个议事主题纳入可行性议事范畴。

持续推进“一月一议”。经镇（街道）、开发区申请或分局党组讨论，一般每月一期，邀请群众代表、违法企业、属地政府、同类企业代表、环保专家等五方代表，围绕议题开展议事活动。如遇特殊情况，可临时启动议事程序，发挥议事厅“企业受教育、政府强责任、群众多参与、政策广

▲ 议事厅现场。

▲ 议事厅前开展的“环评集市”。

宣传”的积极作用。目前，议事厅已就 VOCs“散乱污”企业整治、重污染企业突发环境污染应急处理、固废的管理和处置、环评审批、环保“三同时”验收等 14 个议题开展议事。

程序规范“一议一档”。每期议事结果报宁波市生态环境局奉化分局党组审议后通过，相关企业、属地政府等单位根据议事结果，开展自查自纠工作，自行落实议事结果的意见与建议，并形成议事厅启动申请、党组讨论决议、议事具体方案、议事全过程影像资料等一整套议事档案，强化议事结果的有效应用，为今后解决同类型问题提供参考依据。

多方共议抓整改

“个案剖析”抓典型。议事现场播放 VCR，讨论议题企业违法情况或存在的问题，并由议题企业“现身说法”，就违法情况、整改情况进行说明，对下一步规范整改做重点承诺，属地政府就下一步监管表明决心，群众代表就企业违法以及整改情况进行评议和监督。此举有效增强企业环境整改的主动性，切实落实企业的主体责任和属地政府的监管责任，比限期整改、行政处罚效果更显著。

“专家会诊”提实效。根据每期的议事主题，有针对性地邀请省、市环保专家，会同奉化分局职能科室业务骨干，厘清政策制度规定和导向，分析企业存在问题，结合其他地区先进经验提出意见建议，通过专家指导帮助，解决企业在生产过程中遇到的生产工艺、污染治理技术难点，有效提升企业整改成效。

“以点带面”扩影响。组织辖区内同类企业现场参与议事，让同类企业感同身受，以案为鉴，以点带面，督促同类企业加快环保治理进度，提高环境管理水平。

线上线下共推进

线上线下同步直播。为拓宽议事厅受众面，方便更多群体参与议事，奉化分局在“掌上奉化”App开通网上生态环境议事厅，设环保议事、企

▲ 议事厅现场企业提问。

业服务、环境投诉 3 个版块，线上线下同步直播议事过程，解答群众关注关心的生态环境领域问题。截至 2019 年 8 月底，已开展两期网上生态环境议事厅，其中“让志愿环保成为日常 让绿色生态成为基调”议事厅线上线下同步直播，直播反响热烈，累计有 7 万多人参与观看。

线上线下服务企业。利用服务企业子板块，对企业提出的生态环境问题，落实职能科室进行解答，为企业提供实时在线支持，做好服务企业“店小二”。比如，有网友留言：“常去一家洗车店洗车，发现他们把泡沫水、洗车水通过管道排到沟里，会不会直接流到县江去？”奉化分局及时将辖区的污水零直排区建设工作及洗车行业管理政策向网友做了详细解答。

线上线下投诉处置。24 小时线上受理环境投诉，根据环境举报投诉快速处理机制进行处置，并在线上答复处置情况。对反映情况属实的，给予手机话费奖励，做到事事有回音、时时受监督，充分调动群众生态环境工作积极性，提高环保干部的业务能力，着力打造 24 小时生态环境分局。

随着议事深入推进，奉化区环境信访及环境质量考核都得到了明显改

▲ 议事厅现场播放 VCR。

成果与影响

善和提升。

（一）强化了企业和群众的环境意识。奉化议事厅用“身边典型、鲜活案例来教育”的方式，让群众的参与性更强，比传统的设摊宣传、教育培训等形式更直接、更有效；让违法企业印象深刻，比限期整改、行政处罚的效果更明显；让同类企业感同身受，比组织培训、下发资料更有教育意义；让属地政府进一步摆正位置，正视自身的环保责任，比开会布置、文件下达更有实效。

（二）助推了行业及区域内环保整改的进度。14 期议事厅共有 1400 余家企业参与议事。据不完全统计，有近千家企业进行了自查自纠，395 家企业投入设施进行整改提升。例如，参加第一期议事的 42 家机械制造企业中，有 35 家投入近 3000 余万元进行了环保设施设备的更新；参加第二期议事的滕头开发区 83 家企业，及时补做环评和“三同时”验收手续，环评率、验收率分别提升 12.3% 和 21.9%；参加第十二期议事厅的 68 家企业中，有 7 家企业现场与第三方环评公司签订合作协议，平均费用降低 30%。

（三）推进了环保政务公开的深度和广度。奉化议事厅最大限度地保障了群众的参与权、表达权和监督权，让群众真正参与到生态环境事务的决策中来。奉化市民周女士说，环保的政策性强，又与老百姓的生活息息相关，奉化议事厅等于向公众打开了一扇窗口，把什么事都拿到阳光下晒一晒。这样，大家的心里就亮堂了，对生态环境部门的工作就更加理解和支持了。

（四）有力拓展了公众参与环保的渠道和平台。议事厅让群众直接参与环保议事，更直观了解生态环境部门职责、企业环境整改提升现状、上级环保政策方针等内容，进一步拓展了社会公众参与环保的渠道。“我们关心奉化议事厅，是因他们设置的议题都接地气，件件都关乎民生。让老百姓看了，心里解气，获得感满满。”市民代表王先生表示，他看了议事厅之后，向生态环境部门举报了一家企业的违法行为，及时得到了妥善处理。

（五）增强了问计于民、服务于民的能力。随着奉化议事厅的持续推进，奉化分局挖掘了很多群众和企业的好建议，用于实际工作，创新推出了一厅、一日、一课、一信、一市、一组等“六个一”服务，有效实现了监管与服务并重。

▲ 议事厅现场群众提问。

"一厅"即"聚焦生态环境·奉化议事厅"。

"一日"即周四凤凰助推日。组织环保业务骨干及省市环保专家，深入企业开展帮扶。至 2019 年 8 月底，已全面完成首轮 43 家拟上市企业的入企服务，形成专家意见 43 份，提出建议和方案 210 多条。

"一课"即每月一期的环保知识大课堂。重点就企业主、职工、准职工开展环境知识讲座，至 2019 年 8 月底，已开展 16 期 48 场次，累计培训人数达 3234 人。

"一信"即为企业发送"一企一信"。通过梳理建立企业环境问题"大数据"，由环保业务骨干和专家"会诊"开出"绿色处方"。截至 2019 年 8 月底，已向 329 家企业发送"一企一信"，并有针对性地就整改情况进行"回头看"。

"一市"即搭建环评集市。组织辖区内有资质的环评中介公司，与企业面对面集中进行咨询对接。截至 2019 年 8 月，已组织环评集市 4 期，共有 260 余家企业参加。

"一组"即"1+X"环境监管模式。"1"为区生态环境分局，"X"

为全区 15 个协会自查自纠服务小组。

（六）提升了环保队伍的清廉作风。奉化议事厅通过多方共同商议，把突出的环境问题摆在桌面上，建立健全了公开、公正、公平的环境处罚机制，最大限度地减少了环境执法可能带来的廉政风险隐患。在每期议事结尾，由派出纪检监察部门牵头，由参加议事人员对生态环境部门工作作风、工作效能进行“背靠背”评议，并实行跟踪问效，强化了生态环境系统干部职工的服务意识，督促其进一步转变作风、优化服务。

千村妇女争创绿色庭院

组织单位：江苏省盐城市妇女联合会

推荐单位：江苏省妇女联合会

案例简介

江苏省盐城市发挥妇女在生态文明建设中的独特优势，组织开展“千村妇女争创绿色庭院”活动。活动由盐城市妇联牵头组织，各县（市、区）妇联负责具体实施。“千村妇女争创绿色庭院”活动将创建绿色庭院与全市“两海两绿”发展、“一片林”建设、生态富民、“绿色扶贫”等紧密结合，整合扶贫、林业、邮储银行等部门资源，动员组织农村妇女种植林木果树，既绿化美化居住环境，又发展庭院经济，引导将绿色庭院延伸为绿色经济，让庭院成为农村妇女增收的“绿色银行”。

活动以组织一轮知识培训、开展一次“双月集中行”活动、提供一个专项信贷产品金融支持、组建一支巾帼志愿者队伍、树立一批先进典型等“五个一”活动为载体，重点开展为建档立卡低收入妇女送果树苗、送劳力、送技术、送岗位和帮销售“四送一帮”工作，培育农村“绿富美”。

实施过程

盐城市妇联践行生态立市主战略，唱响乡村振兴主旋律，巩固农家庭院主阵地，打造农村妇女主力军，持续推动生态惠民、生态富民、生态利民，助力实现绿色发展、绿色转型。

为营造浓厚的“创绿”氛围，盐城市妇联充分发挥家庭工作领域优势，广泛宣传发动，激发农村妇女参与意识。一是张贴宣传标语。依托妇女儿童之家阵地以及农村墙体、宣传栏，悬挂张贴宣传标语，营造人人参与植树造林、户户进行庭院绿化的浓厚氛围。二是算好生态经济账。结合大走访、大落实工作，妇联干部登门为妇女算好生态、经济两笔账。生态账重点讲清绿化可以改善居住环境，提升生活质量；经济账则强调普通家庭如果栽植 20 株枇杷、核桃、油桃、黄金梨等，

▲ 组织巾帼志愿者集中植树。

▲ 针对绿色庭院建设开展现场培训。

每户“家庭果园”可实现持续20年以上、年收入2700元以上的经济收益。三是开展主题活动。以“美丽盐城、绿色家园”为主题，发放宣传资料，开展现场咨询和“绿色庭院”随手拍活动，宣传创建标准，推介庭院经济项目。

为进一步务实“创绿”举措，盐城市以“五个一”活动为载体，采取切实措施，保证创建活动的顺利开展。一是强化技术培训。针对妇联干部，重点培训绿色庭院创建标准、目标任务、措施步骤及考核办法、工作方式等；针对妇女群众，重点培训苗木选择、栽植、管护要领以及病虫害防治技术。协同林业部门，组织农技小分队，深入村组、田间小院，开展实地培训、现场指导和跟踪回访，培育植绿养树妇女“土专家”。二是开展“集中行”活动。抓住气温回升的黄金时间，因地制宜推介林果树种，组织农村妇女集中栽种林木、果树和花卉，发展家庭果园、家庭苗圃。全面摸排林果苗木产销大户，引导鼓励产销大户重点与低收入妇女签订包培训、包供苗、包成活、包销售、农户保证管护到位的“四包一保”包保协议。三是帮扶重点人群。组织女党员、女干部、女农技人员、女能人大户和巾帼志愿者与低收入农户妇女结对，开展送果树苗、送劳力、送技术、送岗位和帮销售“四送一帮”活动。四是订制信贷产品。联合中国邮政储蓄银行盐城市分行开展“邮储绿色 贷动未来”活动，订制“绿色庭院贷”专项信贷产品，为低收入妇女发展“庭院经济”提供资金支持。五是培树先进典型。召开工作现场推进会，通过观摩现场、听取交流，评选表彰巾帼绿化示范村、示范户，推广东台市、滨海县以及射阳县海河镇等地工作模式和先进经验。

在健全“创绿”机制方面，强化项目推进，注重持续跟进，推进全市农村“绿色庭院”以点带面、串点成线、连线成片。一是强化顶层设计。发布计划书，明确目标任务、时序进度及工作要求，协调扶贫、林业、邮储银行等部门，确立项目实施的工作机制、方法路径和资金渠道。二是加强资源整合。结合“巾帼文明岗”“妇”字号示范基地创建等工作，组织巾帼志愿者与低收入妇女结对，解决贫困妇女实际困难。注重部门协作，

▲ 盐城绿色庭院示范户。

妇联干部、林果专业技术人员、扶贫工作队、邮储银行分工明确，各司其职。三是联合督查考核。成立项目工作组，建立村自查、镇常态化督查、县（市、区）不定期抽查的督查体系形式，完善县（市、区）周报、月报工作制度，编发项目简报，通报项目进度、推介先进典型，推动“绿色庭院”创建工作深入开展。

在具体的实施过程中，积极组织知识培训。在适宜绿化造林时期，由县（市、区）妇联牵头，以镇为单位，面向基层妇联干部和农村妇女开展庭院绿化美化妇女知识培训和“绿色家园”建设现场咨询，宣传绿化科普理念、推介庭院经济项目等。

开展“双月集中行”活动，抓住绿化、美化庭院关键环节，各县（市、区）分别召开推进会，观摩现场，部署推进工作。组织镇村妇联，全面摸排以林果为主导的合作社、家庭农场和种植经销大户，引导其为妇女提供苗木、栽植管护和林果产品销售等服务。组织农村妇女在房前屋后、田边河岸种植林木、果树和花卉，通过实地培训、现场指导等方式为妇女提供实用的技术指导。组织女党员、女干部、女农技人员与低收入农户妇女结对。

▲ 借助“妇女微家”开展培训。

同时，组建巾帼志愿者队伍，组织志愿者开展与农村妇女结一户亲、植一棵树、绿一平方、建一片林活动，开展为建档立卡低收入妇女送果树苗、送劳力、送技术和帮销售活动；提供专项信贷产品金融支持。联合邮储银行盐城市分行定制“绿色庭院贷”专项信贷产品，为低收入妇女发展“庭院经济”提供资金支持和“1+N”结对等金融服务。

在培育树立先进典型方面，完善管理制度和激励机制，及时总结交流、宣传展示项目实施过程中产生的行之有效的措施和典型经验。县（市、区）妇联负责培育一个示范镇；镇（街道）妇联负责培育一个示范村；村（社区）妇联负责培育 3 ～ 5 户示范家庭。

成果与影响

生态是盐城最大的优势，绿色是盐城最亮的底色。妇女是生态文明建设的实践者和推动者，也是生态文明理念的传播者。在“千村妇女争创绿色庭院”活动的带动下，盐城全市新增巾帼绿色基地近万亩，发放“绿色庭院贷”2320 万元。

通过活动的组织，培育农村“绿富美”，引导绿色庭院延伸为绿色经济。发挥农村妇女主力军作用，巩固农家庭院主阵地，把一家一户农村庭院建设成绿色经济最小单元。组织“千村妇女争创绿色庭院”，以“消灭裸土、处处见绿”为目标制定“六有标准”，村村组组评选命名美丽乡村“庭院清洁户”“巾帼示范路”“巾帼景观河”，连点成线、连线成面。全市首批评选 10 个庭院绿化巾帼示范村、100 户绿色庭院巾帼示范户，分别给予 1 万元和 1000 元的奖补。

同时，发动妇女参与大规模绿化行动，大力栽植“巾帼林”“扶贫林”“家庭林”，设计统一标识，悬挂统一标牌，提高辨识度，两年新增近万亩林地。组织建档立卡低收入妇女以土地、劳动力或扶贫项目等入股的方式，联手苗木大户、林业合作社共同实施，免费送树 221.5 万株，提高了贫困户的工资性收入和财产性收入。因地制宜推广庭院栽植经济品种，举办专项培训 120 余场，提供技术辅导 31.3 万人次，签约林果包销合同 1.32 万份。

菜鸟“回箱计划”

组织单位：中华环境保护基金会菜鸟绿色联盟公益基金
推荐单位：中华环境保护基金会

案例简介

2017 年，中华环境保护基金会联合菜鸟网络、阿里巴巴公益基金会，发起菜鸟绿色联盟公益基金，得到圆通、中通等 6 家快递公司共同支持。专项基金旨在从绿色包裹、绿色配送、绿色回收、绿色智能等多个方向推动绿色发展，更好保护生态环境。2017 年，菜鸟绿色联盟公益基金发起“回箱计划”专项行动，致力于针对快递包装、配送、回收等环节减少碳排放，号召消费者将收到的纸箱进行共享，方便他人寄件再次使用，以达到资源节约的目的。

“回箱计划”在菜鸟驿站和快递网点设立绿色回收箱，对快递包装物进行分类回收、循环利用，通过“线下一站一码 + 线上产品化”，搭建与消费者互动的闭环，提升消费者参与度。依托高校环保社团的种子力量，将环保理念带进校园；线下活动参与度高、趣味性强，吸引带动更多人参与，菜鸟“回箱计划”成为公众广泛参与的快递纸箱共享行动，减少了资源浪费。目前活动已经覆盖 31 个省、自治区、直辖市（不含港澳台），得到高校、企业、政府机构等众多单位的支持。同时，“回箱计划”和蚂蚁森林合作，消费者捐献纸箱后将获得蚂蚁森林绿色能量。此外，菜鸟绿色联盟公益基金 2018 年、2019 年连续两年在敦煌阳关建设“绿色物流行动”专属生态林，使回收活动转化为公益行动。

实施过程

菜鸟“回箱计划”项目自 2017 年起实施，主要有动员准备、执行阶段、反馈阶段等。2018 年的绿色回收活动如下。

动员准备阶段：打造百所“零”浪费示范校园，邀请 100 多所高校环保社团参与举办全国大学生环保行动力及领导力提升培训会。活动设有创新思维工作坊、环保先锋讲堂、垃圾处理厂参访等实践活动，依托种子力量，鼓励吸引更多青年参与环境保护。主办方联合北京、上海、广州、深圳、杭州等 16 个城市的全国高校环保社团，在“双 11”快递包装废弃物产生的高峰期倡导快

▲ 菜鸟“回箱计划”发起“全国纸箱回收日”，北京 80 个小区设立绿色回收点。

▲ 菜鸟驿站工作人员在整理绿色回收箱。

递纸箱循环利用等零废弃活动，开展环保进校园的践行活动。

执行阶段：号召消费者将收到的纸箱共享出来，方便他人再次使用，达到资源节约的目的。通过线下“一站一码”+线上产品化，搭建与消费者互动的闭环，提升消费者的感知与参与度，活动期间250多万人次消费者参与互动。

反馈阶段：2018年菜鸟“回箱计划”做到了资源大协同。200多个城市，5000多个驿站，100多所高校，2万多名志愿者，9省50个城市的环保部门，10多个知名企业和20多个定点扶贫县共同参与，带动更多社会群体加入。2018年“双11”期间，“回箱计划”线下回收纸箱1300万个，并通过与互联网平台蚂蚁森林合作，全民公益在线上平台迅速实现。

2019年活动方案进一步完善。5月28日，中华环境保护基金会联合菜鸟网络、阿里巴巴公益基金会，以及中通、申通、圆通、韵达、百世等快递公司，共同发起“绿色快递日”。8—9月，菜鸟联合上海、浙江、江苏等地的生态环境部门、发改委、商委、邮政管理部门等，共同发起“包邮区”绿色升级——“回箱计划”，号召行业及民众共同参与。至9月底，各地快递网点铺设 3.5 万个绿色回收箱，覆盖全国 31 个省（自治区、直辖市）。“双 11”之前，菜鸟绿色行动联动品牌、物流合作伙伴、高校、社区等广泛发起绿色倡议。60 多家知名品牌、约 2000 所高校、“四通一达”等快递公司，全国 27 个城市的约 10 万名快递员自发参与。

“双 11”期间，开展丰富的线上线下活动。如在线上，通过天猫、淘宝、支付宝、菜鸟裹裹等多个 App 为“绿色双 11”活动页面导流，引导消费者以多种方式参与环保，如绿色消费、回箱行动或在线留下绿色宣言等形式，动员更多人加入环保行动；线下约 4 万个菜鸟驿站、3.5 万个快递网点、10 万快递外卖车辆张贴海报等，倡导更多人参与；在高校，招募约 60 所高校社团，开展环保进校园践行活动，通过培训提升高校社团的环保行动力、领导力和创新力，同时在校园内设立绿色回收点，把回收的箱子送到菜鸟驿站进行寄件循环使用；在社区，发起“全国纸箱回收日”，在北上广深杭的 220 个小区统一设立集中回收点，引导居民捐出快递纸箱，统一送到快递网点。

▲ 在社区，妈妈带着孩子到菜鸟驿站捐献纸箱。

成果与影响

菜鸟"回箱计划"唤起更多人的环保意识，从纸箱回收的小小举动做起，引导和培养社会公众养成垃圾分类、循环利用的意识和生活习惯，在享受便捷的同时更多地关注环境。同时，创新实现了快递包装物就地利用的"环保小循环"，相比进入社会大的循环体系更加绿色环保。这一行动获得了生态环境部、共青团中央等多个部门官微的支持，全社会响应，数百个城市环保、政法、公安等部门也加入"绿色双 11"环保倡议。

"回箱计划"搭建了长期可持续精细化运营的模型和基础设施，实现数据沉淀、精细化分析和点对点运营。在这个过程中，得到政府相关部门的支持，获得更多的社会关注度。校园活动的质量和数量也在不断提高，线下活动的参与度、趣味性、城市覆盖量均大幅提升。作为活动反馈的敦煌阳关生态林建设项目开展情况良好。通过项目的实施可培育和壮大本地区的药材种植产业，调整农业和农村经济产业结构，促进农业产业化经营，提高农民收入，带动区域经济发展。

在"回箱计划"倡导下，人人可参与的绿色环保行动获得积极响应。2019 年天猫、淘宝等平台累计超过 2 亿人次线上线下以多种形式参与"绿色双 11"，其中 4500 多万人次成为"双 11 绿色合伙人"，如果每人能回收利用 1 个快递纸箱，则可减少 180 多万吨碳排放；超过 26 万人在线留言承诺不乱扔快递袋，20 多万人留言表示会把纸箱作为收纳盒物尽其用。清华大学等全国 2000 多所高校响应"绿色双 11"倡议，60 所高校举办落地活动，累计回收纸箱超过 20 吨，线上线下超过 50 万人次参与。其中回收纸箱数量最多的中山大学，活动期间 1000 多人共捐献 7000 多个快递纸箱。在社区，"全国纸箱回收日"获得社区居民的积极响应，据不完全统计，5 个城市的 220 个小区共回收纸箱超过 11 万个。

陕西“行走三江三河”系列活动

组织单位：陕西省环保志愿者联合会

推荐单位：陕西省生态环境厅

案例简介

“行走三江三河 绿染三秦大地”系列活动自2016年起，历时3年，邀请陕西文化学者、媒体记者、摄影达人、网络名人、环保志愿者等组成团队，以新媒体和自媒体为主要传播手段，调研、走访陕西省境内的汉江、丹江、嘉陵江和渭河、延河、无定河（“三江三河”）生态治理与保护成效，寻找历史文化遗迹，再现三秦大地景美民富的生态文明新画卷。他们用笔、相机、摄像机全程记录行走过程，以此唤起人们的生态环境意识，动员公众参与，凝聚社会合力，推动“三江三河”流域绿色发展。在新浪微博，行走系列活动的话题阅读量超4000万。在2018年的活动中，又充分发挥传统媒体在提供调查性新闻报道、解释性新闻报道的后发优势，中央广播电台、中国环境报、陕西日报等权威媒体均对活动进行了深度报道。系列活动不仅走访和调研了“三江三河”流域的生态变化，真实记录沿线的生态环境治理成效，强化舆论氛围，繁荣生态文化，也为全省水污染防治工作的深入开展积极建言献策，为新一轮的水污染防治工作开展营造了良好的社会氛围。

实施过程

"行走三江三河　绿染三秦大地"系列活动，是为有效落实《陕西省水污染防治工作方案》，以改善水环境质量为核心，以新媒体和自媒体为主要传播手段，集中展示近年来通过实施汉江、丹江、嘉陵江及渭河、延河、无定河（三江三河）流域综合整治工程，通过构建节约资源和保护环境的空间格局，生产更多的优质生态产品，满足人民日益增长的优美生态环境需求，共同推动生态建设现代化进程的宣传活动。

系列活动历时 3 年，于 2016 年 6 月 3 日在西安启动。启动仪式后，陕西省领导、环保志愿者和市民健步行走渭河河堤及西安渭河综合治理水土保持示范工程汉台公园，近距离感受渭河西安段治理成效，深入了解渭河新 3 年治理规划。

为保证活动的效果和执行，陕西省环境保护厅、工业和信息化厅、水利厅、旅游局共同下发《关于联合开展"行走三江三河，绿染三秦大地"活动的通知》，积极引导公众参与生态文明建设，强化舆论氛围，繁荣环境文化，着力提升全民环境意识。各基层单位也全面配合落实、多方协调，提供场地、设备以及人力资源等全方位的支持。

"行走三江三河　绿染三秦大地"系列活动，3 年来邀请陕西文化学者、媒体记者、摄影达人、网络名人、环保志愿者等组成行走团队，用一场全民参与的行动，观摩、调研、走访陕西省境内"三江三河"的生态治理与保护成效。通过他们的视角切身感悟母亲河的今昔变化。他们每到一站，都会取一瓶水样、采纳一种绿色生态地方特产、拍一张（组）照片，透过文字、相机、摄像机全程记录行走过程，还原和发现真实的"三江三河"流域现状，立体展示沿线经济社会发展的新进展、新成效，以此唤起人们的环境保护意识，动员公众参与，凝聚社会合力，推动"三江三河"流域绿色发展之路。

"行走"系列活动在执行时采用全程实时报道，用微博、微信矩阵带

▲ 采访团成员在嘉陵江出陕口采集水样。

出互动节目群，形成具有一定聚合效应和影响力的氛围，吸引更多公众积极参与到“三江三河”流域的生态治理及环境保护工作。充分利用自媒体传播快、交互性强等特点，以新浪微博大V为主要传播者，并充分发挥传统媒体在提供调查性新闻报道、解释性新闻报道等方面具有的后发优势，提升传播效果。

目前，“行走三江三河”项目组已相继完成了渭河、延河、无定河、汉江、丹江、嘉陵江等流域的调研行走活动。

2016年9月，组织文化学者、新媒体从业者、环保志愿者一行16人前往咸阳开展调研活动，共参观17个项目点，涉及城市污水处理厂、湿地修复、小流域水利治理、清河工业园等环保和水利项目；10月，“行走渭河”渭南站活动启动，由媒体观察员、网络大V、环保志愿者、作家组成的活动组相继对渭南市运动广场、渭南市非物质文化遗产传习馆、渭南市沋河景区等单位进行调研，全面了解渭南市治理渭河及经济转型发展的成效；10月，活动组参观了杨凌示范区展馆、杨凌博览园等，实地调研渭河湿地生态公园、渭河水面景观、小韦河等渭河治理工程。同时，深入揉谷镇农业特色合作社、五泉镇特色小镇等园区和企业，详细了解企业治污设施运营和生产经营情况。

2017年，项目组邀请来自全国和省内的20多名文化学者、媒体记者、网络达人、环保志愿者组成团队，先后沿着丹江、嘉陵江、汉江陕西段流经的商洛、汉中、安康市的多个县区集中采访报道沿线山水林田湖生态保护和修复治理成效，通过新时代的融媒体符号奏响人与自然和谐共生的时代强音，集中展示近年来汉丹江流域综合整治工程。

延河是黄河的一级支流，也是延安市第二大河，被称为“中国革命母亲河”。2018年9月，活动组织省内外20多位媒体记者、网络名人、环保志愿者组成团队，走访了延安市安塞区王瑶水库、安塞区招安镇污水处理厂、延长县延河阎家滩国控断面水质自动站、宝塔区姚店污水处理厂等项目，对延安段延河水环境综合整治、延安历史文化遗迹和生态旅游资源保护等工作进行深入了解。

无定河是榆林地区最大的河流，因其流量不定、深浅不定、清浊无常，

▲ 采访团成员在参观延河沿线污水处理厂。

▲ “行走三江三河”采访团召开座谈会。

故有无定河之名。历史上，频发的自然灾害使无定河流域的土地支离破碎。2017 年中央环保督察组对无定河流域提出了整改要求，2018 年 10 月调研团走进榆林探访无定河的治理故事。

成果与影响

“行走三江三河，绿染三秦大地”系列活动形式新颖独特。如其中“行走渭河”活动分为沿线调研、环境文化沙龙、纪录片拍摄等内容，面向社会公众广泛开展，很好地发挥了文化学者、摄影爱好者、自媒体传播者、青年环保志愿者等活跃群体的示范带动作用。

同时，透过环保看环保，“行走”系列活动通过对流域历史文化、饮食文化、旅游文化等与公众日常生活息息相关的大生态的变化，来反映流域的水污染防治工作进展，而非专业知识的刻板宣传。

另外，新媒体和传统媒体有机融合，达到最有效的宣传效果。“行走”系列活动在新浪微博阅读话题量超 4000 万。其中大 V 森淼淼的“平凡的世界，不平凡的村落，绥德郭家沟村”单条微博阅读量逾 60 万、“无定河曲流蜿蜒回转，小众景点，惊艳了清涧”单条微博阅读量逾 50 万。除即时的话题传播，新浪陕西、今日头条、北京时间、搜狐新闻、一点资讯、头条文章等新媒体均对活动有报道。此次活动在借力新媒体的基础上，还发挥传统媒体优势，中央广播电台、中国环境报、陕西日报、西北信息报、陕西广播电视台等传统媒体均对活动进行了大篇幅地深度报道。

村寨生态守护行动

组织单位：云南省盈江县委、县政府
推荐单位：云南省生态环境厅

案例简介

云南省德宏州盈江县太平镇雪梨村委会石梯村是一个典型的傈僳族村寨，生态环境优越，鸟类资源丰富。但由于村民以种植香茅草为主，经济结构单一，收入低下，村民贫困程度深，因而常有盗猎行为发生。2015年，村长蔡伍在与来盈江观鸟的各地观鸟爱好者的接触中受到启发，认识到保护生态的重要性，也看到保护鸟类带来的商机。为转变村民经济发展模式，更好地保护生态环境，蔡伍主动和观鸟协会联系，学习观鸟拍鸟，建设生态观鸟点，并在大谷地村民组开设了村民第一个盈江犀鸟拍摄地，以此增加村民经济收入。同时，邀请相关部门进村培训动植物资源保护知识，积极配合相关部门打击非法伐木、盗猎行为。盈江县委、县政府以此为契机，整合项目资金，实施生态修复，改善农村基础设施，发展生态产业助推脱贫。村民以鸟为媒，自觉投身于生态保护，从以往打鸟、捕鸟转变为主动保护野生鸟类，走出了一条生态保护修复与脱贫致富“双赢”的路子，实现了“狩猎人变护鸟人”“砍树人变护林人”“穷山沟变幸福窝”的蜕变。

实施过程

云南省德宏州盈江县太平镇雪梨村委会石梯村大谷地村民小组，是一个典型的傈僳族村寨，世世代代都生活在原始森林里。20 世纪 70 年代末到 80 年代初，居住于石梯的村民相继搬至大谷地。石梯位于我国唯一的伊洛瓦底江水系热带和亚热带区域，森林覆盖率达 90% 以上，是全国生物多样性最丰富、鸟类最集中的地区之一，有鸟类 400 多种，国内仅有的 5 种犀鸟、林雕鸮及灰孔雀雉等珍稀鸟类均分布于该区域。

大谷地全村 36 户村民（均为傈僳族），经济收入主要以种植香茅草为主，

▲ 观鸟现场。

▲ 生态观鸟蔚然成风。

结构单一，收入低下，石梯村贫困发生率为 50.5%，贫困程度深、贫困面大。同时，当地群众长期靠山吃山、刀耕火种的粗放开荒生产生活方式，导致周边形成大面积“光头山”和“黄土地”，严重破坏了生态环境，村民也常有盗猎行为发生。

2015 年 2 月，全国各地观鸟协会走进了洪崩河，在村长蔡伍的引导下，探寻这一片在盈江还没被发现的鸟类天堂。通过开展野外调查，在这片区域发现了数百种鸟类，是一块少有的鸟类栖息地。蔡伍在与各地观鸟爱好者的接触中受到启发，认识到保护生态的重要性，也看到了保护鸟类带来的商机。

为转变村民经济发展模式，更好地保护生态环境，村长蔡伍主动和县观鸟协会联系，到保山百花岭实地参观学习观鸟拍鸟及旅游知识，并在大谷地开设了首个盈江犀鸟的拍摄地，为各地观鸟爱好者提供吃、住、行服务，通过观鸟活动增加了村民经济收入。

▲ 生态鸟塘——石梯村民的致富金窝。

同时，主动邀请相关部门进村培训动植物资源保护相关知识，让村民了解保护生态环境的重要性，并积极配合相关部门打击非法伐木、盗猎行为，使村民思想观念发生了变化，村民也从以往打鸟、捕鸟，变为主动保护野生鸟类、给鸟提供食物。

盈江县委、县政府以此为契机加强领导，以乡镇为主体，各有关部门为责任单位制定工作方案，以生态观鸟为示范，通过整合项目资金，实施生态修复，改善农村基础设施，帮助村民建设安居房、观鸟民宿，巩固生态观鸟成果。同时，各有关部门向群众大力宣传生态环境保护理念，改变群众传统的生产生活方式，提高生态保护意识，增加群众收入，通过发展生态产业助推脱贫，生动实践“绿水青山就是金山银山”理念，走出了一条生态保护修复与脱贫致富“双赢”的路子。

“旧习惯”变“新理念”。当地党委、政府紧扣“绿水青山就是金山银山”理念，组织党员、妇女、“草根民嘴”等，采取汉语＋民族语言、小品歌舞等形式进寨子、进农家、进田头宣传生态环境保护政策。为把政策讲得“有嚼头、有盼头”，采用“要致富，少砍木头多种树”“像保护眼睛一样保护生态环境，像对待生命一样对待生态环境”等群众听得懂、听得进的语言，号召村民主动放下油锯、斧头、砍刀、兽夹等赖以生存的家当，自觉投身于生态保护中。

“小麻雀”变“金凤凰”。为让老百姓“靠山吃山唱山歌”而不“坐吃山空闲等着”，鼓励引导当地村民亦农亦旅，建鸟类监测点、当志愿者，从事餐饮、住宿及配套服务，让农民吃上“旅游饭”，赚上“观鸟钱”，开辟了一条靠生态发家致富的路子。村内建设了 40 多个鸟类监测点，仅 2017 年接待观鸟人两万多人次，每个监测点实现 1 万～ 3 万元的收益，村民人均收入从原来的不足 2000 元增长到 8000 多元，贫困户变身“鸟导游”。

“狩猎人”变“护鸟人”。通过发展生态旅游和观鸟服务，当地群众收获了第一桶金，尝到了生态保护修复带来的甜头，保护鸟类和动植物的意识显著增强。“以前进山背刀，现在进山当‘导’，以前‘垦’着‘金饭碗’过着穷日子，现在护好‘金饭碗’就能过上好日子。” 2017 年 12 月 7 日，两名违法嫌疑人潜入石梯捕鸟，村民余麻都等主动将涉案人员扭送公安机关。

在村民的共同努力下，石梯生态环境得到修复，消失百年的花头鹦鹉、

▲ 石梯村全景。

▲ 犀鸟。

鸟类中的“大熊猫”红腿小隼等越来越多的野生珍稀鸟类回到这里筑巢安家，“人鸟相依、天人相谐”的美景让越来越多的观鸟人慕名而来，石梯被观鸟人称为“中国犀鸟谷”和“观鸟圣地”。

“砍树人”变“护林人”。为持续巩固生态修复成果，石梯村成立了护林队，定期开展巡护，充分发挥“前哨员、信息员、巡边员、护林员”作用，筑牢生态保护防线。将保护生态环境内容纳入党员积极分子、“最美+”等评选活动；捕鸟、砍树等现象，发现一起扭送一起；随意开荒，责令恢复，处罚2000元交村民理事会，并上报相关部门；对主动上报破坏生态环境行为情况的给予200～2000元奖励，并将这些生态保护内容写进村规民约，保护生态成为村民的行动自觉。两年来，村里共种植澳洲坚果、咖啡、荔枝等经济林果950亩，全村绿色产业面积达3300亩。

“穷山沟”变“幸福窝”。往日的石梯穷乡僻壤、交通闭塞，贫困程度深、贫困面大，贫困发生率达50.5%。当地党委、政府认真贯彻落实生态保护“两山论”，与群众一道保护环境、修复生态，走出了一条“以鸟为媒，把青山装进钱袋子”“卖风景、促脱贫”的新路，贫困发生率降到了1%以下。

为鼓励群众继续走好生态致富路，盈江县整合项目资金，支持家家户户建起独具民族特色的幸福安居房，村民的脸上洋溢着满足和幸福。如今的石梯村是德宏州学习习近平新时代中国特色社会主义思想基层示范点，也是盈江县生态保护、民族团结、强边固防的示范点，成为中缅边境线上一道靓丽的风景线。

成果与影响

村长蔡伍通过自己学习，带领石梯村发展生态观鸟。盈江县委、县政府以此为契机，整合项目资金，实施生态修复，建设了独具民族特色的幸福安居房、观鸟民宿，成为群众继生态观鸟的又一经济来源，石梯村贫困发生率由 50.5% 降为 1% 以下。

各有关部门向村民大力宣传生态环境保护，提升了群众的生态保护意识。村民也改变了长期靠山吃山、刀耕火种的粗放开荒生产生活方式，保护生态的行为由被动变成自觉。村民亦农亦旅，通过建鸟类监测点、当志愿者，从事餐饮、住宿及配套服务，让农民吃上“旅游饭”，赚上“观鸟钱”，开辟了一条靠生态发家致富的路子，村民人均收入从原来的不足 2000 元增加到 8000 多元。

在村民的共同努力下，石梯生态环境得到修复，消失百年的花头鹦鹉、鸟类中的“大熊猫”红腿小隼等野生珍稀鸟类重回人们的视野。同时，成立护林队，定期开展巡护，生态修复成果得到持续巩固。

山东"公民十条"生态文明工作坊

推荐单位：山东省生态环境保护宣传教育中心
组织单位：山东省生态环境保护宣传教育中心
无痕中国（济南无痕环境文化传播中心）

案例简介

在山东省生态环境保护宣传教育中心指导下，由环保社会组织无痕中国环境教育中心定制研发，省内各地生态环境宣教中心、高校志愿者社团、企业志愿者承办实施的山东省"公民十条"行动暨生态文明工作坊系列环境教育行动，本着"贴近生活，鲜活有趣"的原则，按照"知识、技能、价值观、行动"的要求，将"体验式、游戏化、在地化"的创新学习方法运用到教学中，通过丰富有趣的自然游戏和新颖的生态工作坊活动，让参与者全面了解和掌握《公民生态环境行为规范（试行）》（简称"公民十条"）内容，树立社会主义生态价值观，遵守公民生态环境行为规范，让生态文明、绿色发展的可持续发展理念真正深入人心，做绿色生活践行者。整个活动设计由"一套教案、一个培训、一套教具"组成，自 2018 年 9 月启动以来得到市民、大学生、青少年的积极响应，陆续在全省 16 个地市展开。

实施过程

山东“公民十条”行动暨生态文明工作坊系列宣教活动，由山东省生态环境保护宣传教育中心决策指导，明确活动参与各方的责任和义务：各地生态环境宣教部门和环保部门参与管理协调，环保社会组织无痕中国进行项目研发、培训和教具提供，各地社会组织、高校志愿者社团、企业环保志愿者具体进行活动实施。该活动包括室外开展的“公民十条”行动与室内开展的生态文明工作坊两部分。

山东省生态环境保护宣传教育中心与无痕中国依据 PDCA 流程，从活动启动阶段就着手设立方案优化、决策共议、实施监管办法，成效评估、意见反馈、风险管控等机制也在活动中不断检验完善，为在全省范围推广奠定了坚实的基础。山东省生态环境保护宣传教育中心除提供项目指导支

▲ 参加“山东省公民十条环境行动”的济南小学生。

▲ 参加"山东省公民十条生态文明行动"的小学生，学习鸟类知识，了解保护生态的重要性。

持，还为项目开展提供专项活动资金，保证了此项活动的顺利开展。

山东省"公民十条"行动暨生态文明工作坊在活动主题、方案设计、形式创新和活动执行方面，都具有鲜明特点。

一是定制活动，紧扣主题。山东省"公民十条"行动暨生态文明工作坊是为了深入贯彻党的十九大和全国生态环境保护大会精神、响应"美丽中国，我是行动者"号召，依据五部门颁布的《公民生态环境行为规范（试行）》而制定的系列生态文明教育课程和行动。

二是设计科学，有趣有效。活动目标上紧紧围绕"公民十条"要求，严格按照环境教育"知识、技能、价值观和行动"4个组成部分进行课程设置，并注重内在联系和生活应用，全部课程按照"K（Knowledge）""E（Emotion）""Y（Yourself）"和"S（Skills）"4个部分的学习，组成了生态文明建设的四把钥匙"K-E-Y-S"，让参与者深入体验、认真学习并能付诸行动。

三是形式创新，参与性强。“公民十条”生态文明系列活动是按照无痕中国“体验式、游戏化、在地化”的研发原则，通过精心设计的 8 ～ 12 个自然游戏和生态环境任务，使用了自然游戏、环境课程、生态戏剧、环境解说、World Café 等多种教学和讨论方式，从生物多样性、生态多样性和文化多样性 3 个方面结合生态文明建设观点和做法，充分调动参与者的浓厚兴趣，强化体验式学习效果，并落实到日常生活中。

山东省“公民十条”行动暨生态文明工作坊，前者是户外环境活动实践，侧重“行动”主题；后者是室内生态文明课程，侧重“美丽中国”学习和建设主题，以时间和空间上的更大自由度，便于公众轻松参与，避免因恶劣天气而影响活动实施。主办方同时提供了配套的生态文明讲师培训，通过培训讲师、研究公民生态环境行为应用方式及寻找各方合作伙伴参与，来推动和传播“公民十条”，倡导适度简约、绿色低碳的生活方式，引领公民践行生态环境责任。

其中，“公民十条”行动主要是户外开展的环境行动实践，由“环境解说 + 自然教育 + 无痕行动”3 部分组成。该课堂通过使用约定专用手势、分组竞赛、环境游戏、角色扮演、回答问卷、自然观察等体验式互动手段，传播“减少垃圾，绿色消费，文化传承，无痕行走”的可持续发展理念，让参加者在活动中学习和初步掌握环境保护的知识、态度、价值观和行动技能，鼓励参与者发现和探索更多环境资源，减少对环境和他人的影响，并践行环保原则。

该课堂聚焦城市的生物多样性、生态多样性和文化多样性内容，引导参与者围绕都市里身边景色和环境发展问题进行了解、探究和反思，使用体验式、游戏化、批判性思维和价值澄清等教育理念，鼓励参与者开展行动研究。同时，课堂活动与各利益相关者（如政府机构、学校、社区等）建立广泛的合作关系，定期组织策划环境保护和自然教育主题活动，利用无痕中国团队成熟的活动策划组织能力，提升所在地区公众的整体生态环境意识和环保行动参与程度。

主办方将选择所在地区宜户外活动的季节，时长一般在 120 分钟，授课对象为学生及家长、大学生、社区居民及其他机构团队等，授课师生比为 1∶20 ～ 1∶12，授课地点大多为市内景区、大学校园等，辅助教具包括无痕行动指南、无痕植物图卡、昆虫图及社区或高校无痕行动问卷等。

▲ 大学生志愿者在山东省公民十条环境行动中，为参加活动的学生讲解泉水地质与城市的关系。

学员们按照环境讲师设计的路线和游戏方案等开展体验和实践，并进行探究联结。

“公民十条”生态文明工作坊主要内容是室内举办的生态文明、“公民十条”宣教课程，以体验式、游戏化、在地化的无痕环境教育方式开展，以时间和空间上的更大自由度，便于公众轻松参与。利用“环境拼图游戏”“生态戏剧”“公民十条 World Café”3 种形式，全面诠释和体验“公民十条”内容。工作坊参与人数一般在 35 ~ 50 人，时长在 90 分钟。如在“环境拼图游戏”环节，围绕“公民十条”中垃圾分类话题，利用蒙台梭利的启智拼图形式，由导入游戏部分开始，通过各组寻找游戏机图版规律，共同讨论和达成共识，来完成“公民十条”知识传递。在“生态戏剧”环节，对标“公民十条”相关内容，开展生态戏剧中的角色扮演。参与人员通过自导自演生态戏剧，在角色扮演中体会到环保与生活息息相关，在演出中将环境保护内化于心、外化于行。“公民十条 World Café”环节则是借鉴著名的“World Café”（世界咖啡）会议模式，不同专业背景、不同职务、不同部门的一群人，针对数个主题，发表各自的见解，互相意见碰撞，激发创新点子。

成果与影响

通过创新实践，山东省“公民十条”行动暨生态文明工作坊主要具有两方面深刻意义。一是环境宣教形式创新，公众参与度高。此项活动贴近生活、鲜活有趣，按照环境教育“知识、技能、价值观、行动”的具体要求，将“体验式、游戏化、在地化”的创新学习方式运用到全部教学中，通过丰富有趣的自然游戏和新颖的生态工作坊活动，让参与者全面了解和掌握“公民十条”内容，学习环境知识，树立社会主义生态价值观，遵守公民生态环境行为规范，做生态环保的践行者。同时，活动增进了志愿者之间的友谊，公众凝心聚

▲ 山东省公民十条环境行动。

力共同推动城市、社区和校园优美环境建设，共建天蓝、地绿、水清的美丽中国。

二是发动社会各界，共创环境宣教新局。山东省生态环境保护宣传教育部门打破了以往大部分环境宣教活动都由政府一手抓、环境教育手段相对传统单一、活动影响层面相对局限的限制，由省生态环境保护宣教中心积极引导培育、规范管理环保社会组织，大胆合作、充分发挥环保社会组织无痕中国在服务国家生态文明建设和绿色发展中的积极作用，指导环保公益组织积极研发“公民十条”宣教课程，带动公众和社会各界开展环保公益活动，积极践行绿色生产生活方式和消费模式，初步形成了公众广泛参与生态文明理念学习、保护生态环境的良好氛围，并在短时间内形成了一定的影响。

在山东省生态环境保护宣传教育中心有力支持和指导下，无痕中国团队利用长期无痕环境教育项目实施经验，在短时间内完成课程教案设计并迅速开展试课和迭代工作，高效率地在济南、青岛、聊城、潍坊、威海、苏州、鄂尔多斯等 7 地开展试点活动。从 2018 年 9 月至 2019 年 11 月，“公民十条”系列活动累计举办活动 207 次，参加人数达 16534 人次。按照山东省生态环境保护宣教中心工作部署，从 2019 年 3 月起，该系列活动已经在全省 16 地市陆续展开。2019 年 7 月，“公民十条生态文明工作坊”以山东公益项目第一的成绩获得第八届中国公益慈善项目大赛百强奖。

国际环保四联漫画大赛

组织单位：大连市青年公益事业发展促进会
推荐单位：辽宁省大连市生态环境局

案例简介

自2013年开始已连续举办七届的青少年公益环保类漫画比赛活动——大连国际环保四联漫画大赛，以四联漫画的艺术形式，赋予其环保主题内涵，通过创意环保故事，表达青少年心中的绿色梦想，促进他们对生态环境的关注，培养责任意识和担当精神，并以“小手拉大手”的形式推动全社会共同践行绿色生活，共建美丽中国。活动覆盖面不断扩大，国际影响力也在与日俱增，吸引越来越多国内外小朋友的参与。通过大赛大力宣传“绿水青山就是金山银山”等理念，赛区从最初的大连一地扩展到如今国内外近40个城市，累计约有 170 万人次参赛。

实施过程

大连国际环保四联漫画大赛是目前全球规模最大的青少年公益环保类漫画比赛活动，第一届大赛于2013年在辽宁省大连市发起举行。该活动是一个提升少年儿童生态环境意识的平台，旨在影响和引导少年儿童践行绿色生活方式、自觉维护身边社区环境、爱护地球家园。

活动采用四联漫画这种文化艺术形式，赋予其“环保”主题，等于注入了“魂”。孩子们以独特的视角，用“涂鸦”的形式和讲故事的方式，书写环保梦想，表达环境理念，可谓天马行空，各显神通。在这种寓教于乐的环境教育形式中，播撒环保种子，传播生态文化，弘扬生态文明，润物无声地达到宣传教育的效果。另外，通过丰富多彩的公益活动，带动了成年人和社会各界，形成全社会高度重视生态环境保护的良好风气，起到了教育儿童、影响各界、引领风尚、促进发展的目的。

▲ 2017 总决赛现场。

▲ 获奖啦！这是最开心的时候！

国际环保四联漫画大赛大连赛区由中共大连市委统战部、大连市精神文明建设指导委员会办公室、大连市教育局、大连团市委、大连市生态环境局、大连市公安局、大连市文化和旅游局、大连市文学艺术界联合会、大连市归国华侨联合会、大连市党外知识分子联谊会共十家市级单位联合主办，大连多元智能教育研究中心、大连市青少年发展基金会、希望工程办公室等部门协办，大连市青年公益事业发展促进会负责大赛的承办和组织实施。

大赛每年 9 月启动，每年都有不同的年度主题，印刷专用画纸并邮寄到国内外参赛城市，跨年度进行比赛。大赛设立总部组委会和地区组委会的上下级联动管理机制，并按照参赛人数的规模、政府支持的力度、大赛的公正性等方面要求，设立组委会达标机制和城市参赛机构考评机制。

每座参赛城市的组委会在本地区组织开展漫画比赛，并邀请来自文化、环保、媒体、企业界、评论界、美术教育等领域专业人士组成评委会。每座城市按照参赛数量的 6% 评选出优秀奖作品，再按照 0.3% 的比例评选出金银铜奖作品。金奖作品代表本城市角逐全球唯一一项国际城市大奖和 12

项国际城市佳作奖。获奖者将获得奖金、证书、纪念品，获奖作品还将入选四联漫画年鉴等出版物。

每年6月5日世界环境日前后的周六周日举行年度颁奖典礼和全球最大规模的环保四联漫画展览活动。6000幅优秀环保四联漫画作品同步展览，并开展环保题材的才艺表演等系列活动，每年都吸引近两万名少年儿童和家长现场参加，盛大的城市环保嘉年华活动深刻影响和引领公众践行绿色生活。

2018年11月开始，大赛组委会通过微信“青年公益”服务号和“四联漫画大赛”订阅号两个平台开设了国际环保四联漫画大赛线上展览馆。迄今，聚集了来自全国各地的用户近120万人。系统专门开发的海选自动响应平台，使家长在每次投票或转发投票链接的时候，就会收到来自系统自动发布的环保题材文章或一条环保小常识，如“瓜果皮核是湿垃圾，请投入绿色厨余垃圾收集容器”等，使得每次投票转发，就是一次垃圾分类或其他环境科学知识的宣传，“动动手指，日行一善”。仅2019年11月期间的转发量就达到20余万次，相当于有20余万人次看到了不同的垃圾分类相关知识。环保四联漫画大赛在大连已经融入数以百万计家庭的生活细节中，对培养

▲ 获奖小朋友在做分享。

全社会自觉形成低碳环保生活习惯起到了良好的推动作用。

大连国际环保四联漫画大赛每年的主题均与环保有关。如第一届大赛主题——畅想蓝天。关注霾对社会的影响，$PM_{2.5}$ 正式走进公众视野，大连市有 10 万名少年儿童参赛。

第二届大赛主题——我爱大连。呼吁参赛者热爱家乡，关注社区环境，自觉维护城市生态文明建设，大连市 10 万名少年儿童参赛。

第三届大赛主题——美丽的水世界。呼吁关注海洋生物，保护水资源，节约用水。这一年，大赛首次走出大连，在长沙发动 6 万名少年儿童参加，全国参赛人数上升到 16 万。

第四届大赛主题——阳光森呼吸。“阳光”代表正能量、积极向上的精神，“森”代表森林和原生态的环境，“呼吸”代表自由自在和开放的心态。这一年，大赛走向国际，除大连、长沙、四平等国内城市外，还有来自巴基斯坦拉合尔、日本名古屋、英国诺里奇、美国洛杉矶等城市的总计约 30 万名少年儿童参赛。

▲ 家长与孩子一起参加环保四联漫画展览活动。

第五届大赛主题——大地美容，绿色之约。“大地美容”代表土壤保护、垃圾处理、垃圾分类等理念，“绿色之约”代表呼吁全球少年儿童行动起来，为共同应对日益恶劣的生存环境出谋划策。全球总计有近45万名少年儿童参赛。

第六届大赛主题——“塑”战速决。呼吁人类关注塑料污染，在生活中尽量选择可循环使用的包装制品，逐渐摒弃塑料等一次性用品。本届大赛在国内外41座城市举行，全球有超过60万少年儿童参加。

第七届大赛主题——蓝天保卫战，我是行动者。保护蓝天，低碳生活，垃圾分类，这一届大赛有沈阳、辽阳、本溪、鞍山、洛阳等城市申请参赛，预计将超过70万少年儿童参赛。

大赛活动亮点：覆盖面广，面向3～15岁全世界少年儿童；活动持续时间长，自2013年开始迄今已连续举办7届；活动影响力大，参赛城市从最初的大连一地到如今国内外近49座城市，累计约有170万次少年儿童参赛，每届大赛都会出版优秀作品合集《绿色梦想，美丽世界——大连国际少儿环保四联漫画大赛作品集萃》等。

成果与影响

国际环保四联漫画大赛因其具有广泛的影响力，成为大连市的一张亮丽名片，同时其国际影响力也在与日俱增，得到联合国教科文组织、联合国环境规划署的支持。如2017年9月，联合国教科文组织特别代表到大连访问了四联漫画大赛总部组委会并发函支持大赛；2017年11月，大赛主办方选拔12岁女孩张菀津拍摄了四联漫画大赛宣传片《遇见更好的未来》，走进联合国伯恩气候峰会，呼吁全人类关注生态环境，在“中国角”引起强烈反响；2018年，来自斯洛伐克科希策城市的小朋友雅库布的作品《超级环保鱼》获得全球唯一国际城市大奖，作者受到斯洛伐克总统接见，并吸引更多斯洛伐克小朋友热情参加。大赛较好地宣传了“绿水青山就是金山银山”的环保理念，助力“一带一路”倡议，提升了中国在全球环保行动方面的影响力。

环保四联漫画大赛是一个友谊、包容、相互尊重的平台。采用“漫画+环保”这种大赛形式，少年儿童喜闻乐见、易于参与、便于操作，不仅使活动富于吸引力、感染力和趣味性，同时培养了少年儿童的艺术想象力和表现力，促进身心健康发展。借助这项活动，使他们在相互交流学习竞赛的过程中，提高创造性思维的能力，增强作品的内涵寓意，让观者受到启发、得到教育、有所收获。通过全球性的比赛和丰富多彩的公益活动，不同国家、不同文化背景的少年儿童以无国界的“绘画语言”进行交流与比赛，极大地促进了人与人、人与社会、人与自然的和谐进步。

每届国际环保四联漫画大赛均引发媒体的高度关注，大量报道赛事动态。大连电视台、辽宁电视台、大连日报、辽宁日报、讽刺与幽默报、人民网、新华网等等众多媒体，大连市生态环境局微信公众号、辽宁省生态环境厅微信平台、生态环境部微信公众号等均对大赛进行过报道。

“绿色北京 绿色行动”宣讲团

组织单位：北京市环境保护宣传中心

推荐单位：北京市生态环境局

案例简介

“绿色北京 绿色行动”宣讲团以服务社会、服务环保事业为宗旨，以提高社会整体的生态文明素养和环保参与能力为己任，面向北京市各行业、各部门、各层次的干部、群众常年开展生态环保宣讲活动。广泛培育绿色发展和绿色生活的社会价值观，传播生态文明理念，宣传环保相关法律法规、政策措施，普及生态环保科学知识，动员和引领公众参与环境保护和生态文明建设。同时，落实京津冀协同发展战略，将宣讲活动辐射到了雄安新区、张家口冬奥赛区、保定、廊坊等北京周边地区。

十余年来，宣讲团开展生态环保宣讲活动近万场，直接受众数十万人。特别是2014年以来，宣讲团围绕“绿水青山就是金山银山”的绿色发展理念，求真务实、开拓创新，结合北京市生态环保中心工作，设定并每年修订七十余项宣讲主题，开展各类生态环保宣讲900余场，直接受众9万余人。

实施过程

“绿色北京 绿色行动”宣讲团成立于2004年，是由北京市环境保护局、首都精神文明建设委员会办公室、北京市科学技术委员会、北京市城市管理委员会、北京市科学技术协会5家单位共同主办。成立之初命名为“北京绿色奥运 绿色行动”宣讲团，宣讲的主要目的是提高公众环境意识。北京奥运会后，响应市政府“绿色北京、人文北京、科技北京”的发展战略，宣讲团更名为“绿色北京 绿色行动”宣讲团。

党的十八大，特别是十九大以来，宣讲团坚持以习近平生态文明思想为指导，坚持以人民为中心的绿色发展理念，将建设美丽中国、把北京建

▲ 2018年六五环境日，宣讲团成员为雄安新区生态环境系统干部做讲座。

设成世界一流的和谐宜居之都作为自己的奋斗方向，将提高社会整体生态文明素养和环保参与能力作为自己义不容辞的社会责任。期望通过开展生态环保宣讲活动，进一步凝聚全社会共识，帮助基层干部和企业人员履行好生态环保主体责任，做好污染防治精细化管理，使我们的环境质量越来越好。

宣讲团秘书处设在北京市环境保护宣传中心，团内有固定宣讲老师 30 名，由相关领域的专家学者、退休干部、环保志愿者组成，拥有副教授或副处级及以上职称或职务，拥有良好的专业能力和丰富的宣讲经验。团内老师的管理实行入团申请审核批准、退团自愿的原则。2014 年以来，宣讲团每年设 70 余项宣讲主题，每项主题至少由两位老师负责主讲。

为最大限度地发挥宣讲的社会效果，宣讲团一方面认真满足社会需求，另一方面根据环境质量和环境管理的实际情况，主动寻找服务对象。为了节约社会资源，防止发生所讲非所求的现象，宣讲团主动与举办方沟通宣讲主题，或通过区生态环境局给各乡镇、企业、村发放 70 余个宣讲主题，在基层自主选择的基础上，派遣最合适的老师宣讲。每次宣讲前，宣讲团都会与举办方、宣讲老师沟通细节，保证宣讲工作不出纰漏。每次活动结束后，宣讲团会及时进行调查回访。每次宣讲，老师们都会根据国内外生态环保动态及环保工作进展，根据受众对象的特点认真调整、准备教案，保证宣讲的质量和效果。

宣讲团建有“绿耕耘”宣讲工作群，及时听取专家们对生态环境保护工作及宣讲工作的建议和意见；每天向群内发送生态环境保护的各类信息，供专家学习参考。每年召开宣讲工作会，总结一年的工作，交流学习新精神新动向新要求，共同探讨新一年宣讲工作。不定期举办宣讲团专家社会实践活动，加强宣讲团与社会各界的交流学习，促进团内专家亲身参与京津冀生态建设的实践。

在实践中，宣讲团总结出以下特色。

（一）紧扣建设美丽中国的时代主题和“美丽中国，我是行动者”的年度主题。不仅在提高公众生态文明素养和环保参与能力，促进公众关注、理解、支持、参与生态环境保护方面发挥了积极作用，还解决了一些具体的环境问题，化解了社会矛盾。

（二）紧扣生态环保中心工作。既传播理念，又传授方法。拓展了基层同志的工作思路，解决了一些基层干部不知如何入手的问题，并启发他们把生态环保工作与其他领域的相关工作结合起来，以提高工作效率和效果。

（三）潜基层、接地气。在面对面宣传教育培训的同时，直接了解群众的需求和愿望，并从专家学者的角度从基层获得第一手生态环境及管理的相关信息，为决策和顶层设计提供参考。环保宣讲完全是正能量的，是一种行之有效的群众工作形式。

（四）机动灵活、投入低。组织各级干部群众到市内接受学习培训，需要大量资金用于吃住行，且不现实。赴基层宣讲，既可保证提供高质量师资服务，又不劳民伤财，社会效益高。

（五）不计名利，甘于奉献。宣讲团老师均具有高度的社会责任感，不图名不图利，属半义务性宣讲。宣讲费低，无交通、用餐等各类补助。

（六）具有高度的可复制性。宣讲团向基层提供宣讲主题，由基层从

▲ 宣讲团成员为北京市海淀区翠微小学做有关节约用水的讲座。

中自主选择宣讲主题的模式已被广泛采用。这种模式贴合实际，服务精准，站位高，效果好。

2018 年是实施《北京市打赢蓝天保卫战三年行动计划》的第一年，宣讲团秉承服务社会、服务环保事业的宗旨，落实党的十九大精神，紧紧围绕生态文明建设和全市生态环保中心工作，以“美丽中国，我是行动者”为主题，求实奋进，强化对重点内容、重点人群、重点区域的宣讲，共开展环保宣讲 233 场，直接受众 2.4 万余人。

在重点内容方面，宣讲团紧扣生态文明建设和打赢污染防治攻坚战，以防治大气污染为重点，宣讲绿色生活 76 场、防治大气污染 60 场、环保法律法规 38 场、建设生态文明 30 场、危险废物管理 15 场、水污染防治及节约水资源 14 场。在重点人群方面，宣讲团将企业、基层干部作为重点宣讲对象，坚持为基层服务，努力提高基层的环保主体责任意识和环保履职综合能力，全年总计有 1.6 万名各类干部参加了学习。

▲ 宣讲团成员为北京市朝阳区医疗行业代表做培训，讲解医疗废物环境管理知识。

其中，针对区街乡镇干部、企业干部开展环保宣讲67场；结合环保督查，对10个被环保约谈乡镇开展了针对性专题宣讲；对来自全国300多家的1000多名汽修企业干部进行了VOCs污染防治培训；针对危险废物管理，对280多家700多名医疗机构代表进行了行业环保专题培训；针对中小学实验室废物废液污染的潜在风险，与北京市教委合作，分8次对全市900多名中小学实验室主管校长及教师进行“实验室危险废物污染防治”全覆盖培训。通过宣讲，在全市生态环保工作向基层传导压力的同时，努力将相应的环保法律法规、政策措施、环保科普知识等配套传导到基层。

为了形成助力环保、绿色生活的社会氛围，针对社区群众及大中小学生开展多主题环保宣讲76场，近万名群众及大中小学生接受了教育。

在重点区域方面，2018年，宣讲团与北京市房山区生态环境局合作开展10余场大气污染防治系列宣讲；配合秋冬季大气污染综合治理攻坚行动，与大兴区生态环境局合作，在其16个乡镇分别举办了“以案释法——防治大气污染”系列宣讲；落实京津冀协同发展战略，“六五”环境日期间，宣讲团赴雄安新区，以“美丽雄安 我是行动者”为主题开展了大气污染防治、水污染防治、生态文明建设3场环保主题宣讲，雄安新区600多名环保系统干部聆听了讲座。

成果与影响

“绿色北京 绿色行动”宣讲团多年活跃在北京大地并辐射京冀地区，获得广泛认同和好评。2017年北京市环保宣传效率和效益评估报告显示：“绿色北京 绿色行动”宣讲团的宣讲活动举办的层级和涵盖地域范围较广，不仅覆盖了北京市各级党政机关和事业单位，同时还延伸至各区的街道、社区等，基本上实现了线下宣传无死角。

报告显示，“绿色北京 绿色行动”宣讲团活动所受关注度高达98%，超七成关注时长在一年以上。有21.91%的受访者表示参加过北京绿色行动宣讲团活动，82.99%的受访者表示愿意参与宣讲团环保活动。

2018年，宣讲团以“美丽中国，我是行动者”为主题，强化对重点内容、重点人群、重点区域的宣讲，共开展环保宣讲233场，直接受众2.4万余人。

通过宣讲，宣讲团潜基层、接地气，向社会广泛传播节约资源、保护生态环境、绿水青山就是金山银山、改善生态环境就是发展生产力的理念；宣传了环保相关法律法规、政策措施；普及了生态环保科学知识；助力基层政府落实好各项环保工作；提高了公众参与环境保护的热情和能力；为市民答疑解惑的同时，解决了一些实际问题并化解了一些不良情绪，向社会弘扬了正能量，取得了良好的社会效果，受到一致好评。

“儿童环保节”的探索和实践

组织单位：武汉市江汉区大兴路小学
推荐单位：武汉市环境宣传教育中心

案例简介

环境教育一直以来是湖北省武汉市大兴路小学常抓不懈的特色品牌，为了提高青少年的环境意识，让更多学生参与到保护环境行动中来，学校自2014年开始，将每年6月的第一周确定为儿童环保节，将“六一”国际儿童节和“六五”环境日结合起来，每年由各班绿色创建师生成员和学校环境教育团队教师共同确定适合少年儿童的环保主题教育实践活动，使小学生成为环境保护实践者和主人翁，推动身边环境问题的解决。

实施过程

武汉市大兴路小学建有全国第一所红领巾环境观测站，是我国内地第一所被联合国环境规划署表彰的"全球500佳"学校，也是全国第一批绿色学校。学校坚持环境教育30多年，底蕴深厚，氛围浓厚，举办"儿童环保节"也是学校顺应时代发展、推动环境创新的必然结果。

每年6月初，孩子们就会迎来两个重要纪念日：国际儿童节和环境日。学校把两个节日融合起来，成为孩子们的专属主题活动周——儿童环保节。学校通过"儿童环保节"，每年确定一个活动主题，解决学校、身边、本区域的环境热点焦点问题，以增强学生的环境意识和行为。活动采用操作性强、学生喜闻乐见的形式，以小见大，让孩子们通过多种渠道参与进来。

事实上，"儿童环保节"是一个绿色理念，并不局限于6月初这个特定时间，而是全面渗透，长期贯穿。"儿童环保节"活动每年列入学校工作计划，1—3月征集、思考年度主题；4—5月确定内容，前期筹备；6—12月，

▲ 2018年3月，学生监测汉江水样浊度。

▲ 师生在陕西省汉中江边合影。

启动践行，贯穿全年，总结成效。

活动执行团队由学校校长室统筹，成立由科技辅导员牵头的环境教育团队（学校环保志愿教师），主要负责主题活动的落地生根，同时借助相关政府职能部门、民间组织、社会力量、家委会共同参与，共促达成。

大兴路小学“儿童环保节”近年活动主题如下。

2014 年，学校围绕“保护环境 有我一个”主题，师生共同参与，自编自导自演了一场以朗诵、歌曲、环保秀、小品等形式为主的汇报展示，并逐年推进，推动制度化、系列化、品牌化建设发展。

2015 年起，学校依托位于长江、汉水交汇处的天然地理优势，确定“监测汉江水 保护母亲河”活动主题。

2016 年起，面对长江江豚濒临灭绝的现状，确定“我们的长江 我们的江豚”活动主题。

2017 年，根据校园粮食浪费现象，确定“减少食堂剩菜剩饭行动”主题。

2018 年，结合长江大保护的时代主题，确定“重温长江生态考察路 争做长江保护小使者”主题。

▲ 师生互动。

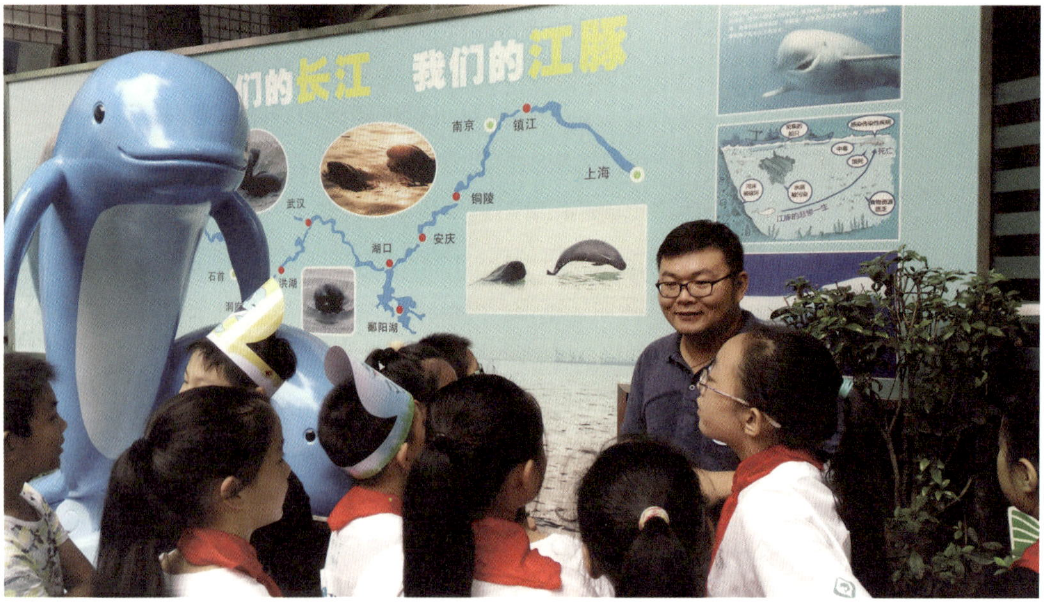

▲ 2017 年 9 月 6 日，中国科学院水生生物研究所博士梅志刚为学生讲授江豚公益课堂。

“监测汉江水 保护母亲河”汉江考察活动

位于武汉的大兴路小学，与长江、汉江交汇的龙王庙紧邻。自 2013 年起，学校每年都派学生代表参加汉江全流域水质生态考察活动。一代代学生组员上山下河，行程 1.5 万多公里，积累了 450 组原始水质数据，绘制自然笔记手稿 200 余幅，撰写研究论文、调查报告共 5 篇。汉江，成了全校师生心中最为珍贵的河流。每次考察结束后，组员们利用周一的升旗仪式向全校师生汇报考察所见所闻，并将所有文本资料集中进行整理、汇编，上传到学校网站和本土媒体网页上进行宣传和推广。学生们还根据考察数据撰写多篇小论文参与科学竞赛，向社会传递“关爱母亲河，保护水资源”的理念。

2015 年，学校以在龙王庙校外实践基地中开展的水质考察活动为起点，以“监测汉江水 保护母亲河”为主题。师生每月定期监测汉江水质，了解汉江水质变化情况。

2016 年 7 月，师生代表开展汉江全流域水质及生态考察。

2017年学生们开始定期开展巡河活动，查看汉江是否“河畅、水清、岸绿、景美”，发现有破坏水资源的事情及时向官方河长反馈。

2018年中国水周，师生考察汉江武汉段自来水厂取水口水质。

“我们的长江 我们的江豚”活动

白暨豚和江豚是长江流域代表性物种。2016年，大兴路小学以“我们的长江 我们的江豚”作为当年“儿童环保节”的主题，开展了“守护江豚”系列活动。组织四至六年级学生代表到武汉中科院水生物研究所白鱀豚馆参观，“江豚”成了学生之间的热门话题。之后，学校邀请《长江日报》高级记者、武汉市环保大使高宝燕走进校园，与学生开展“留住江豚的微笑”保护江豚公益活动，让同学们对江豚的生存现状有了更深的了解。

2017年6月的儿童环保节，大兴路小学举行了“长江江豚拯救行动”之“江豚课堂”启动仪式。农业部长江流域渔政监督管理办公室、武汉白暨豚保护基金会，为大兴路小学授牌全国首个“守护江豚示范学校”称号。此后，环境教育团队老师、中科院水生生物研究所专家定期为同学们开设江豚公益课堂。

为了让孩子们对江豚有更深刻的认识，学校以儿童环保节为契机，举办了《艺术江豚》开放展览，受到好评。

通过持续开展“守护江豚”主题系列活动，越来越多的学校和社会人士也加入保护江豚的队伍中来。

节约粮食，减少食堂剩菜剩饭行动

2017年，大兴路小学“儿童环保节”主题为“节约粮食，减少食堂剩菜剩饭”，这一主题缘起于班级绿色创建师生成员代表的一次调研，他们在调研食堂伙食时，发现每天都有大量的剩饭剩菜。通过进班查看和食堂菜谱满意度调查，同学们弄清了产生大量剩饭剩菜的原因。

根据前期的调研，同学们开动脑筋，最终设计出“精确打饭法”：每名同学将自己的饭量、饮食偏好告诉打饭的同学，以便精确控制饭菜数量；一至六年级按使用量配比。当班级饭菜添完后，全校有共同可以添加的饭菜供应。食堂师傅们也根据问卷调查结果，在保证营养均衡的情况下，适当调整了菜品。

“精确打饭法”在学校食堂正式实施后，全校师生 1120 人产生的、日均 75 公斤的剩饭菜量减少了约 40%。活动成果引起社会关注，先后得到长江网、凤凰网等媒体报道。3 位提出课题的学生管军豪、杨紫晨、周瑞琰还将他们的研究成果写成了调查报告《减少食堂剩菜剩饭行动》。这份报告获得了“可持续发展与我们的食物”中国青少年环保创意挑战赛的小学组优秀作品奖。

成果与影响

2014 年 5 月底，学校邀请中国仅有的另两所被联合国环境规划署表彰的“全球 500 佳”青少年集体代表抵汉，在大兴路小学参加“儿童环保节”，并通过媒体联合向全国发出倡议：希望更多学校设立环保主题节日，通过不同形式，将绿色的种子播撒到孩子们心中。

▲ 2017 年 4 月，学生向食堂工作人员询问剩菜的数量和品种。

校方表示，开展“儿童环保节”活动，让孩子们从小接受关爱自然、保护生态的正面引导，并通过孩童的眼睛发现问题，思考解决之道。全校学生皆为受众，便于组织、参与率高，可有效推动“小手拉大手，环保一起走”的理想目标，既符合学校教育特点，又紧跟新时代主旋律。

小学生成为环境保护实践者和主人翁。例如，“监测汉江水 保护母亲河”活动让学生走出校园，关注身边的水环境，监测汉江水质、义务巡江，做好民间河湖长，当好保护母亲河的“小眼睛”。“我们的长江 我们的江豚”活动不但使大兴路小学成为一所守护江豚的学校，江豚也成为全校皆知的热门话题，每阶段的相关活动都备受关注。

推动身边环境问题的解决。例如，为减少剩菜剩饭设计的“精确打饭法”在学校食堂正式实施后，全校师生产生的剩饭菜量减少了约四成。

项目获得社会各界关注和肯定。2016 年，学校荣获第七届“母亲河奖”绿色团队；2017 年，学校成为全国第一个“守护江豚示范学校”；2018 年，学校“保护母亲河”主题活动受到生态环境部宣传教育中心关注，促成“美丽中国，我是行动者——小河长小湖长青少年环境志愿行动”项目的启动，全国有 30 所中小学成为项目试点单位。同年年底，大兴路小学经武汉市河长制工作领导小组考察，正式成为武汉市民间河湖长，聘期 1 年。

"小河长"青少年护水计划

组织单位：阿里巴巴公益基金会
联合国可持续发展教育区域专业中心（杭州）
桃花源生态保护基金会　主办

浙江省绿色科技文化促进会
浙江外国语学院教育学院
桃源里自然中心　承办执行

推荐单位：浙江省环境宣传教育中心

案例简介

"小河长"计划是"美丽中国，我是行动者——小河长小湖长青少年环境志愿行动"在浙江的具体行动，以寓教于乐的方式让孩子们关注身边的河流，自发加入护水行列中。

项目联合国际专业机构、政府职能部门、社会公益组织和中小学校等跨界力量，发动青少年群体以家庭、少先队团队、假日小队、社团等为单位，确定责任河段，担任"小河长"，通过青少年参与治水护水行动、传播、研究、创想，培养青少年成为"家乡河流的守望者、自然讲解的志愿者、治水解决方案的创想者"。

"小河长"计划是一个政府职能部门 + 国际机构 + 企业 +NGO+ 学校的社会多元共创平台。项目发动杭州中小学跨学科教师一起策划、共同组织，形成工作小组推进项目，并制定相关规章制度和规范。目前已有 32 所学校加入，带动学生近 8000 人次参与行动，并计划在 3 年内覆盖 100 所学校，参与学生不少于 10 万人次。

实施过程

案例目标：3 年内，带动 100 所中小学参与到河流保护中，保护河段不少于 100 条，参与学生不少于 10 万人次。

执行机制：由项目学校共同参与项目策划与执行，制定相关规章制度和规范，如《项目积分办法》《成员管理办法》《任务赋分办法》等，本着公平公正公开的原则，保证项目顺利进行。

执行团队：项目主要由阿里巴巴公益基金会、联合国可持续发展教育区域专业中心（杭州）、桃花源生态保护基金会发起，浙江省绿色科技文化促进会、浙江外国语学院教育学院、桃源里自然中心执行，各参与学校组成不同工作组（如任务管理组、成员管理组、创意大赛评审组等）。

▲ 小河长参加植树节活动。

▲ 小河长参与“同一条钱塘江”钱塘彩绘活动。

▲ 小河长和阿里巴巴志愿者一起清理丁桥一号港福寿螺。

其中，阿里巴巴公益基金会为项目发起方、资金提供方，负责项目策划和统筹，配套阿里技术及其他资源，对接阿里“3 小时公益平台”；联合国可持续发展教育区域专业中心（杭州）为项目发起方、项目发起学校联合平台，全面对接国际可持续发展教育机构、联合国教科文组织、联合国大学，提供可持续发展教育方面的专业交流；桃花源生态保护基金会提供自然教育的专业指导；浙江省绿色科技文化促进会（绿色浙江）为项目执行方，全面协调各界资源；浙江外国语学院教育学院作为浙江省中小学师资培训中心的执行机构；桃源里自然中心提供专业的自然教育课程开发。

实施进展：

（一）通过跨界共创、多学科整合、创新有趣的 STEAM 课程，让孩子们爱上河流、爱上水文化。项目主办方和承办方积极为“小河长”项目学校以及“小河长”们搭建创新型学习平台、展示平台、竞技平台。让孩子们发挥主观能动性通过绘画、视频、动画、歌曲、舞台剧、摄影、创意 DIY 等形式，打造属于“小河长”们自己的环保科普作品。

例如，2018 年 9 月 5 日，“小河长”青少年护水计划在杭州市学军小学启动，并颁发了“小河长”证，为参与学校授旗。

10 月 15 日，中国—新西兰可持续教育发展论坛暨“小河长”青少年护水计划治水创意大赛启动，来自 30 余所杭州中小学的学生代表、教师及社会各界人士、媒体记者与来自新西兰的 10 位校长齐聚杭州市建兰中学，就教育、环保、文化交流等议题展开讨论。

11 月 14—15 日，“小河长”项目学校组织小河长和参与“H20 国际拥江发展城市大会”的 20 个国际城市市长共同参与“钱塘彩绘”活动，将全球 20 个城市的孩子的作品绘制到海塘，并就水文化、水教育、水科技、水治理方面的话题进行探讨和交流。

12 月 20 日，“小河长”计划中期推进会举行，项目学校教师代表分享了各自的校园实施计划。

2019 年 1 月 13 日，在绿色浙江环境治理公益盛典暨可持续发展教育论坛上，发布了“小河长杯”青少年可持续发展足球赛、“小河长”音乐节。“小河长杯”以足球为媒介，促进“一带一路”国家间青少年相互理解，加深友谊；“小河长”音乐节则鼓励老师和同学们创作自己的河流歌曲。

▲ 小河长开学第一课。

▲ 小河长开学第一课。

（二）项目学校根据自身特点开展形式多样的"小河长"校园计划。截至 2019 年年初，已经加入项目的 32 所学校涵盖了幼儿园、小学、初中、高中等，覆盖的学生年龄段为 3 ~ 18 岁。各项目学校通过开展基本的水质监测、沿河自然观察、发现与记录污染现象、水环境保护实践调查、发明创新、科普宣传、向相关部门提出水环境治理建议等形式多样的环境志愿活动，促进水环境保护工作。

以杭州市学军小学为例，2018 年 8 月加入"小河长"计划后，学校将其纳入 2018 学年科技实践活动考察计划和要求中，贯穿整个学年，号召和发动全校师生关注身边的水资源，争当"小河长"。积极开展 6 项"小河长"大型系列活动，包括"认识水——'水侦探'实验"、"水资源考察活动"、"走访老河长，传帮接代"活动、"护水创客和小发明制作"活动、"艺说'我与运河'"活动、"小河长河道 APP 监督反馈"活动等。以家庭、少先队团队、假日小队、社团等为单位的"小河长"行动百余次，影响的学生、家长人数超过万人。

（三）打造专属科技装备——"小河长"微程序，运用技术手段为"小河长”进行数据管理。为更好地帮助孩子们了解河流，发现、记录、解决水环境问题以及进行科学的水环保实践活动，项目组为孩子打造一款专属科技装备——“小河长”微程序。从成为小河长、河流巡护、河流讲解、任务申请、小河长榜单等模块，运用技术手段为“小河长”以及学校进行数据管理。

“小河长”微程序操作非常便捷。孩子们可以在线填写资料实时注册成为“小河长”，随后便可选择自己想要代言（巡护）的河段。每位“小河长”都可以和大河长一起来寻找劣V类水体，并为它们进行体检。

自然讲解是智慧“小河长”微程序的另一项特色功能。“小河长”可以为自己巡护的河道撰写文案和配音讲解，通过微程序上传音频后，其他的“小河长”或者感兴趣的市民只需通过扫码，便可了解这段河道的概况和历史。

▲ 学军小学的小河长和万市镇小学的小河长结对并互相分享自己对保护河流的体会。

在微程序中，"小河长"可以看到河道巡护的路径，如果发现河道中出现任何的污染问题或者生态问题都可进行记录，以便及时进行数据采集和存储；同时可以对干净整洁的河道点赞。当完成河流巡护之后，微程序当中对应的这段河道就会出现一面小旗子，这就是"小河长"的工作成绩。所有小河长参加的河流讲解、河流巡护等任务都会转化成经验值，助力"小河长"们实现从一星到五星的升级跨越。

成果与影响

"小河长"青少年护水计划以寓教于乐的方式让孩子们关注身边的河流，自发地加入护水的行列中；同时兼具国际视野，加强水文化、水教育、水科技等话题的对外交流。

"小河长"计划亮点突出，如注重联合行动，通过跨界共创的模式，发动杭州中小学的力量，一起策划、共同组织，形成工作小组推进项目进程，并制定相关规章制度和规范。

同时，打造了一个创新型的青少年可持续发展培养体系，具有三大目标、四大模块、五星进阶模式。三大目标，首先让孩子们立足乡土，放眼国际，提供跨界共创、多学科整合的、创新有趣的STEAM课程；其次基于理论、实验、数据支撑且可操作的课程体系，具备评估标准并能有效反馈，使课程体系可持续、能传承，达到社会联动效果；其三，培养发现和解决问题的能力，树立环保意识，提高社会责任感。项目创新性地提出五星进阶模式，鼓励孩子们以少先队、学校社团、假日小队等不同形式参与，负责监督、维护、宣传学校或社区周边的其中某一段明确的河流。而"小河长"的各类行为被分为行动、传播、研究、创想四大模块，每个模块中，又有丰富的建议课程和任务。小河长们每参与或完成课程和任务，都可获得相应的行为记录和积分，成为逐渐进阶的依据。

截至2019年年初，共有32所学校积极加入这个项目，各学校带动学生近8000人次参与行动，间接影响超过30万人。

北京生态环境文化周

组织单位：北京市环境保护宣传中心

推荐单位：北京市生态环境局

案例简介

2014年以来，每年“六五”环境日期间，北京市生态环境局联合市委宣传部、首都精神文明办等相关单位，开展为期一周的生态环境宣传教育活动。目前，北京生态环境文化周累计推出“聘任北京生态环境公益大使”“辟除环保谣言”“测测你的绿商是多少”等富有特色、为公众量身定制的生态环境主题活动104项（次），成为社会各界了解和参与北京生态环境保护和生态文明建设的重要平台。

实施过程

北京生态环境文化周的实施过程包括初期策划、前期预热、执行开展、后续宣传四个阶段内容。

每年北京生态环境文化周紧密围绕北京市生态环境中心工作，以号召大家成为“美丽中国，我是行动者”为出发点，立足实际策划主题活动的内容和形式，努力吸引公众乐于参与、持续参与。在文化周策划期间，注重主动宣传和舆论引导，邀请传统媒体和新媒体资深从业人员和专家，围绕文化周整体活动方案和宣传方案，集思广益，对活动的宣传节点、宣传内容、宣传包装、现场布置等细节进行精心策划、周密安排。

前期预热是在文化周开始前，多以线上形式开展，方便公众了解文化周活动详情，参与文化周系列活动内容。比如举办“为生活添绿，你为北

▲ 2017 年第四届北京生态环境文化周开幕式聘任北京生态环境公益大使。

▲ 2018 年第五届北京生态环境文化周北京环保儿童艺术节开幕式上孩子们在表演。

京做过啥”征集投票活动、“我为北京生态环境文化周点赞”活动以及“听声音猜大使赢精美礼品”“文化周歌词征集”“生态环境文化周公益海报征集大赛”等活动，吸引网友关注、参与，提前为文化周的开展预热。

执行开展是文化周各类活动得以顺利实施的关键。线上活动注重内容准确，参与形式新颖有趣，让公众便于参与、乐于参与。线下活动做好与相关各方的协调沟通，大型活动还要进行彩排、布展等一系列前期工作，确保每届文化周办出特色、办出水平、办出实效。

后续宣传是在文化周结束后，继续对已开展的活动趁热打铁、形成持续热烈的浓厚宣传氛围，让活动参与者坚持养成低碳绿色的生活习惯。如在第五届北京生态环境文化周，新聘任的生态环境公益大使“中国三大男高音”——戴玉强、莫华伦、魏松演唱了文化周主题曲《天地人和》。为吸引更多公众参与主题曲的传唱，提升公众的生态环境意识，主办方整合全媒体宣传平台资源，开展了一系列《天地人和》主题曲的推广宣传活动，吸引广大社会公众积极参与。

为使公众更方便参与文化周活动，文化周以线上、线下活动相结合的方式，探索生态环境公益活动的新机制。通过寓教于乐的互动体验方式，进行多视角的环保理念传播。文化周多以健步走、骑行等线下活动作为开幕式，号召大家积极参与绿色出行。期间，还聘请来自社会各界的知名人士担任北京生态环境公益大使，以其影响力带动更多市民践行绿色生活。

迄今为止，已有聂一菁、白岩松、马布里、"中国三大男高音"、贺克斌、悦悦等来自多个领域的公众人物加入大使行列。他们通过拍摄生态环境公益广告、参与生态环境主题活动等方式，发挥名人社会示范作用，身体力行助力北京生态环境治理工作。

针对企业、社区、学校等不同人群，文化周开展了绿色创建进企业——VOCs 污染防治宣讲活动、"绿色北京 绿色行动"生态环保大讲堂、"公民生态环境行为规范"沙画 show、全国高校环保社团成果展示交流、"我是投瓶侠"高校联合挑战赛、聘任大气污染防治宣传监督队、绿色生活"邮"

▲ 2018 年第五届北京生态环境文化周环保徒步大会。

▲ 2019 年第六届北京生态环境文化周——“我是投瓶侠”高校联合挑战赛启动现场。

你“邮”我——电子垃圾回收主题宣传活动、首都大学生资源生态环境论坛、北京市中小学生环保主题演讲比赛、北京环保儿童艺术节、绿色出行联盟成立仪式、环保设施开放等活动。针对广大机动车驾驶员，开展“清洁空气、绿色驾驶”宣传活动，帮助大家养成节能环保的驾驶习惯。

针对动漫和摄影爱好者，还持续开展了北京环保动漫设计大赛和“牵手蓝天 · 你我同行”环保摄影大赛。线上还推出了“绿商——个人绿色生活指数”测试、北京生态环境文化周微站、追本溯源——北京市 $PM_{2.5}$ 来源解析有奖问答等活动。

此外，文化周还邀请相关政府部门、企事业单位、宣传媒体、环保 NGO 等社会机构，共同开展主题活动，不断提高公众环保素养，推动全社会积极参与生态环境治理，形成环保合力。文化周还不断创新活动形式、内容设计，不断提升活动吸引力和传播力，吸引市民群众参与其中，分享绿色智慧，体验绿色生活，践行绿色行动，畅想绿色未来。

北京生态环境文化周具有以下四大特点。

（一）主题鲜明。紧扣绿色生活主题设置活动内容，围绕“美丽中国，我是行动者”主题，从各层面和维度用力，让绿色生活的理念和号召真正落实到行动上。

（二）内容多样。各类活动精彩纷呈。活动内容聚焦大气、水、土壤污染防治等重点工作，突出绿色生活主题。如绿商测试大比拼活动，针对大气、水、土壤污染防治知识设计答题内容，普及环保科学知识、提高公众环保素养。在活动形式上，线上利用社交媒体、微站开展有奖答题、比赛征集、趣味测试等方式吸引公众；线下综合运用展板、答题、视频、歌曲、动漫、摄影、演讲等多种方式集中呈现，在寓教于乐中开展科普宣传、凝聚社会共识。

（三）覆盖面广。文化周面向社会大众，广泛动员社会各界力量，呈现全面参与之势。在参与主体上更加多元，政府、企业、学校、志愿者、民间组织共同发力、共同聚焦，开展环保主题活动，倡导绿色生活。全市

▲ 2019 年第六届北京生态环境文化周开幕式老中青少四代演唱文化周主题曲《天地人和》。

▲ 2019 年第六届北京生态环境文化周——绿色生活 ‘邮’你‘邮’我”—— 电子垃圾回收主题宣传活动。

各区也发挥各自优势，开展相关宣传教育活动，掀起一股关注环保、参与环保的高潮。

（四）宣传有力。为最大限度放大活动效应，采取全媒体联动宣传策略。报纸、广播、电视、微博、微信等多平台，同步开展多角度、多形式的联动宣传报道。在微博、微信、视频社交软件等媒介的相互作用下，文化周信息实现多渠道立体传播，大大提升了社会影响力。

北京生态环境文化周通过“宣传绿色生活方式、倡导知行合一”一个主题、结合“注重围绕生态环境中心工作、注重不断提升社会宣传效果”两个注重、打造“贴近实际、贴近生活、贴近群众”三个贴近，积极开展生态环境宣传实践活动，不断充实活动内容，丰富活动形式，通过不断创新发展，取得了良好的社会效果。

成果与影响

北京生态环境文化周通过各类线上线下活动，坚持创新，不断扩大影响力，向全社会倡导践行简约适度、绿色低碳的生活方式，形成全社会共同关心、支持和参与生态环境保护的强大合力和良好的舆论氛围，为首都的生态环境贡献自己的力量。如“我爱地球妈妈”北京市中小学生环保主题演讲比赛，参加学校从首届的 12 所增加到现在的 600 余所，参加人数从当年的 80 人增加到每年近 4 万人。北京环保儿童艺术节举办 4 年来，累计征集戏剧、才艺、美术等作品近万幅（个），参与、覆盖人群近 10 万人次。

2019 年 6 月 1—7 日，第六届北京生态环境文化周以“美丽中国，我是行动者——身体力行，为美丽北京加油”为主题，共开展了 22 项线上线下环保主题活动。如聘请了环保公益组织和高校环保社团，共 20 支队伍担任大气污染防治宣传监督队，积极走进社区和高校，开展大气污染防治政策和措施、绿色生活等方面的宣讲，并发挥监督作用，举报环境污染行为。与北京市邮政公司营业网点共同搭建生态环保宣传窗口，开展“绿色生活‘邮’你‘邮’我”——电子垃圾回收主题宣传活动，和环保企业联手一起畅通废旧电器和电子垃圾回收、处置渠道，引导社区居民树立生态环境保护意识、践行绿色生活。

北京生态环境文化周的传播力也越来越广泛。第六届北京生态环境文化周期间，京环之声微博话题 # 第六届北京生态环境文化周 # 阅读量达到 1.6 亿人次；京环之声抖音平台发布“文化周开幕”“我劝爸爸少开车”等原创短视频 24 条，累计点击量 400 余万人次；京环之声快手平台发布相关短视频 28 条，累计点击量超过 140 万人次。开幕式当天，还邀请人民网对文化周开幕进行现场视频直播，观看直播人数超过 40 万人次；并邀请网红主播对开幕式活动亮点进行直播，共有 600 余万人次观看，带动全民互动。

“走进湿地”青少年生态科普

组织单位：上海市生态环境局

中华环境保护基金会

中福会少年宫

推荐单位：上海市环境保护宣传教育中心

案例简介

“川流上海”青少年生态环保科普系列活动自2015年开始，宣传和展示上海中小河道治理成果，带领青少年学习节水、护水以及湿地生态知识。作为该活动的延续，2018年，上海市生态环境局与中华环境保护基金会于“第四届上海国际自然保护周”期间，在上海市民特别是青少年学生中开展人与自然之“走进湿地，你我同行”青少年生态环境保护科普系列活动。活动旨在透过青少年的视角真实反映上海湿地生态环境保护情况，并通过“小手拉大手”影响家庭、带动社会，践行湿地保护，传播生态理念。活动结合青少年的兴趣特点，设计了5项内容，通过“识、绘、摄、演、话”等形式引导青少年近距离观察、了解湿地。活动自2018年6月启动以来，得到全市16个区1100多所中小学校的积极响应，评选出一批优秀的湿地生态观察笔记、生态保护征文、湿地植物摄影作品、湿地寻访地图，以及生态保护原创文艺作品等。学生在参与中学到湿地动植物科普知识，提高了观察、辨别、探索、思考的能力，也提升了保护湿地生态环境的意识。

实施过程

习近平总书记在深入推动长江经济带发展座谈会上，全面阐释了"共抓大保护、不搞大开发"的战略思想。上海作为长江经济带重要节点城市和长江三角洲主要城市，近年来在中小河道黑臭治理、长江河口湿地生态修复等方面开展了大量工作。上海市各类湿地面积约 3197 平方公里，占上海市国土总面积的 50% 以上，主要分为滨海湿地、河流湿地、湖泊湿地和人工湿地四大类型，生物多样性较高，水生植物、湿生植物、底栖动物、鸟类、两栖类等物种丰富。

上海市生态环境局、中华环境保护基金会、中福会少年宫等单位，紧跟形势，抓住重点，自 2015 年开始联合主办开展了"川流上海"系列活动，宣传和展示上海中小河道治理成果，学习节水、护水、湿地生态保护知识，借此提升公众生态环境保护意识，产生了良好的社会影响力。

2018 年，中华环境保护基金会与上海市生态环境局于"第四届上海国际自然保护周"期间，在上海市民特别是青少年学生中开展人与自然之"川流上海——走进湿地，你我同行"生态环境保护科普系列活动，旨在透过青少年的视角真实反映上海湿地生态保护的情况，以提高广大市民特别是青少年保护自然生态的意识，传播生态文明建设思想和理念。

"走进湿地，你我同行"青少年生态环境保护科普系列活动精心设计，寓教于乐，形式多样。结合青少年的兴趣特点，设计了 5 项内容。

一是"识"，寻访湿地、认识湿地之"大自然的足迹——湿地寻访地图征集"，组织学生走一走、寻一寻，了解身边湿地的特征及功能，并把自己寻访湿地的足迹记录下来，绘制成寻访地图。

二是"绘"，走进湿地、绘湿地物种之"大自然的精灵——湿地生态观察笔记评比"，组织学生学习了解上海地区湿地的常见鸟类、物种、特征、生活习性等，以及上海城市环境建设发展对湿地自然生态环境的影响，引发学生对自然生态环境保护的思考。

三是"摄"，探究湿地动植物、记录动植物特性之"大自然的色彩——

▲ "走进湿地"作品展示。

▲ 活动作品评审现场。

湿地动植物摄影评比"，让学生用手中的相机，以他们观察的视角拍摄记录大自然的千姿百态和绚丽色彩，展现自然生态环境的优美风貌。

四是"演"，用艺术表演，展现生态文明内化于心之"大自然的卫士——生态保护文艺节目征集"，通过学校组织学生开展以保护湿地为主题的环保文艺作品创作，以舞蹈、唱歌、情景剧等文艺形式表达他们对大自然的热爱及对生态文明的解读，讲好身边的环保故事。

五是"话"，从孩子的视角，展示他们对自然生态保护的观点之"大自然的理念——生态保护征文评比"，组织学生对湿地保护提出观点见解，并对生态文明建设建言献策，以征文的方式进行评比，推荐作品优秀的学生参加微论坛。

"走进湿地，你我同行"生态环境科普系列活动闭幕式活动同样丰富多彩，通过展示、互动参与等寓教于乐。如绿行自然——生态运动会，将湿地生态知识与运动项目相结合，以绿色接力赛、生态马拉松、趣味投篮等形式，让学生在运动、游戏中学习环境知识；乐享自然——优秀成果展，展示优秀摄影作品、自然笔记、生态地图等；智汇自然——总结表彰会，对系列科普活动获奖作品进行颁奖和作品展演，同时举办《上海常见湿地水鸟绘本》首发式，对优秀摄影作品、自然笔记、生态地图等也进行了展示。

在执行过程中，"川流上海——走进湿地，你我同行"青少年生态环境保护科普系列活动得到各方支持，把握节点、执行有力。活动指导单位为上海国际自然保护周组委会，主办单位为上海市生态环境局、中华环境保护基金会，承办单位为上海市环境科学研究院、上海市环境保护宣传教育中心、中国福利会少年宫。各部门各司其职，紧密配合，有序推进。

各区县青少年中心、少年宫发动学校积极参与。2018 年 5—6 月，进行相关科普知识培训，组织市环保教研组教师培训和部分中小学教师培训，召开专题研讨会。6 月活动启动，得到全市 16 个区的 1100 多所中小学校积极响应，共有 12590 人次学生参加了该系列活动。至 10 月底，经各区筛选后产生一批优秀参评作品，包括湿地生态观察笔记、生态保护征文、湿地植物摄影作品、湿地寻访地图以及生态保护原创文艺作品等。此外，还组织有关教师、学生及亲子家庭代表赴崇明东滩湿地进行实地考察，开展走进湿地观鸟实践活动。

2018 年 11 月，活动主办方组织专家对生态观察笔记等各类参评作品进行评审。同时在上海环境微信公众号上进行投票，根据投票结果产生了

▲ 湿地现场培训。

▲ 小朋友在现场作自然笔记。

“湿地寻访地图”“湿地生态观察笔记”“湿地动植物摄影”等最佳人气奖各1个。

上海市环境科学研究院工作者根据上海常见湿地鸟类编著了一本手绘图本《上海常见湿地水鸟绘本》。该书介绍了上海地区常见湿地水鸟的名称、形态、分类及习性等，并配手绘图像，便于市民和学生认知。

同时，各协作单位紧密配合，保证了成果作品按时保质编制出版，于2018年11月编印了《上海常见湿地水鸟绘本》及科普活动优秀作品集。

成果与影响

“川流上海——走进湿地，你我同行”青少年生态环境保护科普系列活动形式多样，寓教于乐。透过青少年的视角真实反映上海湿地生态保护的情况，学生在参与中提高了观察、辨别、探索、思考能力，兴趣所长得以施展，学到了湿地动植物科普知识，提升了保护湿地生态环境的意识。

同时，带动家长参与其中，践行湿地保护，通过"小手牵大手"影响家庭、带动社会，传播生态文明建设的理念。

经各区筛选后产生了一批优秀的参评作品，其中湿地生态观察笔记1031篇、生态保护征文357篇、湿地植物摄影作品323幅、湿地寻访地图168幅，还有10个生态保护原创文艺作品等。

作为活动宣传的延伸，同时便于学生们的学习交流，活动主办方还编制完成《"川流上海——走进湿地，你我同行"2018上海市中小学摄影获奖作品集》《"川流上海——我心中的美丽小河"2018上海市中小学生优秀获奖作品集》（湿地寻访地图、湿地生态观察自然笔记一、二等奖作品），资助出版了由上海市环境科学研究院编著的《上海常见湿地水鸟绘本》。

▲ 小朋友在湿地观鸟。

芙蓉溪环境教育“六进”在行动

组织单位：绵阳师范学院
游仙慈济中学
推荐单位：四川省环境保护宣传教育服务中心

案例简介

芙蓉溪是四川省绵阳市人民的“母亲河”，流经8个乡镇，自古就有“巴蜀第一圣景”的美称。多年来，绵阳师范学院带领游仙慈济实验学校等19所中小学校，深入芙蓉溪流域，开展水质状况调查、“漂浮垃圾不出乡”、《家庭环保小主人公约》进万家、环境教育进校园、流域中小学环境教育研讨会、流域8个乡镇全流域巡回调研、“芙蓉溪流域环境教育联盟”创建等系列活动。项目采用“师范大学—中小学校—千家万户”三级辐射系统，真正实现全民参与环境教育，人人参与环境教育行动。

以绵阳市游仙区为例，在游仙生态环境局、游仙教体局的支持下，活动组织者到中小学开展环境教育，并探索出“六进”模式（进校园、进课堂、进家庭、进社区、进市场、进企业）。

实施过程

六进：进校园——开展板报、手抄报、征文、绘画竞赛等。进课堂——开展芙蓉溪环境保护主题班会等活动，将生态环境教育融入语文、自然、历史、地理、物理、化学、美术等课程中，编写并出版《我爱母亲河——芙蓉溪（河湖）乡土教材》，进入全流域 19 所中小学课堂。进家庭——开展"家庭环保小主人"等活动，学生回到家中，对家庭成员、邻居进行宣传。进社区——以小区或村组为单位，成立监督小组，自主制定环保乡规民约。进市场——学生在市场管理者支持下，调查市场中的不环保行为，宣传环境知识，开展环保小组万人签名活动，督促商户改变不环保行为。进企业——在学校周边的社区，对芙蓉溪流域的企业做调查，开展对当地企业的监察和督促，进行环保宣传与监督，并举报环境违法行为。

近十年来，在绵阳师范学院的主导下，游仙慈济实验学校等 19 所中小学开展环境教育进校园，实施《我爱母亲河——芙蓉溪（河湖）环境教育在行动》项目。运用"师范大学—中小学校—千家万户"三级辐射环境教育系统，探索出环境教育"六进"模式，推动全民参与环境教育，从而实现芙蓉溪流域民众环境保护意识的提高，推动芙蓉溪流域生态环境的改善。

（一）开展流域 8 个乡镇巡回调研。2009 年，绵阳师范学院川西北教育研究中心师生在芙蓉溪流域进行了 11 次调研，并几次在战旗乡考察芙蓉溪的发源地——战旗水库。同时，绵阳师范学院师生开始号召并支持流域内中小学校开展相关水环境教育。

2012 年，绵阳师范学院对芙蓉溪凤凰乡南河水库养鱼场、太平镇联合水库养鱼场、太平镇和顺生态养殖园等 9 个养殖场进行调查，重点关注养殖场污水排入芙蓉溪前是否经过有效处理。

2014 年，绵阳师范学院与游仙慈济实验学校师生，到战旗乡、太平镇等 8 个乡镇，通过问卷调查，了解芙蓉溪流域乡村垃圾、污水排放情况。

调研发现，许多村民都希望有一个清洁卫生的环境，特别是解决芙蓉溪水面漂浮垃圾问题，以及能建立较完善的污水处理系统，同时也愿为芙蓉溪水质的改善出力。

2017 年 12 月，绵阳师院师生和中小学学生一起对环境模范村——望江村和土龙村进行调查。在调查中发现望江村水污染得到有效治理，在乡村环境保护中发挥了引领作用。

（二）启动芙蓉溪环境教育项目。2017 年 3 月 24 日，“碧水蓝天、生态游仙”——芙蓉溪、魏柳河流域环境教育启动仪式在游仙中学举办，芙蓉溪流域沿岸十余所学校获颁“生态保护学堂”荣誉牌匾。

多年来，芙蓉溪环境教育实践活动积累下丰富的实践资料和经验。为了落实环境教育进课堂，“校本教材编写小组”成立，并于 2018 年 8 月编写出版了《我爱母亲河——芙蓉溪（河湖）乡土教材》，现已在流域内 19 所中小学校使用。

（三）组织召开流域中小学环境教育研讨会。在绵阳师范学院的组织下，近年来在游仙慈济实验学校多次举办环境教育辅导员培训研讨会，各学校互相交流环境教育方法，每个学校都制定了符合本校实际、兼具本校特色的《活动方案》。培训研讨会还特别邀请北京“中国水学校”项目组

▲ 中小学生绘制的保护芙蓉溪手抄报。

▲ 中小学生绘制的保护芙蓉溪手抄报。

专家谢沛宏授课。通过环境教育进学校，让芙蓉溪流域形成良好的环保氛围，推动区域环境教育的开展。

（四）在“世界水日”“世界环境日”开展环境教育活动。2017年“世界水日”期间，带领学生调查芙蓉溪水质状况，旨在进一步推进绵阳市小流域水环境治理和生态环境保护工作，提升全民水环境保护意识和公众参与度。同年6月5日，环境日活动在绵阳市铁牛广场召开，各中小学保护芙蓉溪项目主要负责人到场参加，扩大宣传力和影响力。

（五）创建“芙蓉溪环境教育联盟”。2017年6月5日，在绵阳师范学院川西北保护大熊猫教育研究中心指导下，由绵阳市游仙区慈济实验学校牵头，19所芙蓉溪流域中小学校共同成立了芙蓉溪流域环境教育联盟，由游仙区环保局和游仙区教体局对联盟授牌。

（六）开展“家庭环保小主人”活动。通过环境教育进校园、进课堂、进家庭的模式，以学生带动家长和邻居，让更多人参与环保行动。学生将《家庭环保小主人公约》贴到家中，让家庭成员学习，并参与到保护芙蓉溪的行列中来。学生将家庭成员的行动和重要成果写成日记或心得并附上照片上交学校。学校对优秀“家庭环保小主人”的家庭、个人、班级进行评选和表彰，带动更多人的参与。

成果与影响

通过开展“我爱母亲河——芙蓉溪流域环境教育‘六进’在行动”项目，芙蓉溪流域民众环境保护意识明显提升，芙蓉溪流域生态环境得到改善。该项目也荣获生态环境部宣传教育中心2018年“改变之年”环境教育实践大赛全国特等奖。

芙蓉溪环境保护项目通过19所中小学校的青少年，开展“家庭环保小主人”活动，深入到芙蓉溪流域8个乡镇，初步实现了流域民众环境教育全覆盖，并辐射到魏柳河流域的1.8万户家庭、7.5万民众，环境教育的影响不断扩大。

根据多年项目经验编写并出版的《我爱母亲河——芙蓉溪（河湖）乡土教材》，参考了国内外可持续发展教育相关案例，介绍开展水环境教育综合实践活动的理论、方法、策略、步骤以及后续的有效评价方法，为学校开展青少年水环境教育进课堂实践提供了参考。

环境教育开展以来，积极协助各地乡镇政府的环境治理工作，在各方共同努力下，芙蓉溪流域乡镇已经基本实现漂浮垃圾不出乡。

项目利用“师范大学—中小学校—千家万户”三级辐射系统，坚持用生态环境知识教育每一个孩子，以学生带动家长和邻居增强环境保护意识，以家庭为基础，以学校为阵地，实现环境教育的全民参与。

家庭是社会的细胞，青少年的作用不容小视。通过开展“家庭环保小主人”活动，让青少年行动起来，带领家庭成员加入保护芙蓉溪的行列中。学校对优秀家庭、个人、班级的评选和表彰，带动了更多人的参与，为家乡生态文明建设作出贡献。

项目探索出的环境教育“六进”模式，鼓励学生通过各种途径、各种方式开展环境教育实践活动，争取让更多人、更多家庭、更多社区、更多企业关注生态、践行环保，提升全民环境意识。

都市绿农“果色 family”项目

组织单位：上海市黄浦区文化公益促进会
推荐单位：上海市妇女联合会家庭儿童部

案例简介

上海市黄浦区妇联与上海市黄浦区文化公益促进会（简称“都市绿农”）自2014年合作发起“果色Family”项目，以绿色生活为主题，以“蔬果生活”为驱动，以“人文”为纽带，搭建起有更多女性居民参与的社区自治平台。项目将“社区建设发展”及“生态环境建设”相结合，通过引导居民参与“走进绿色”、培育社区绿色骨干的“绿街坊”，以及“弄堂绿趣”等后续建设项目，形成有理念、有方法的“果色family”系列社区服务项目。目前，该活动覆盖黄浦区70%居委妇女之家。在理念创新上，项目倡导公众自身环境意识的选择和行为的塑造，有效传递绿色生活方式和绿色行为；在行为倡导上，通过丰富的课程内容设置，把环保理念变得接地气、可践行、可持续，不仅带动了社区妇女爱绿、种绿、享绿的兴趣，提升了社区妇女之家的宣传影响力，更凝聚了居民参与社区生态环境建设的积极性。

实施过程

上海市黄浦区文化公益促进会创立“都市绿农”品牌，以低碳、绿色、环保为主题，以公益、志愿、服务为宗旨，提倡以创新的理念、时尚多元的形式，将环保理念转化为简单有趣的活动，调动参与者的积极性；通过有效的组织建设，增加绿色推广的生命力，打造绿色生态闭环，逐步实现生活因绿而变，让生态文明变成全民参与、全民传播的活动主题。

“都市绿农”主要探讨垃圾分类、绿色文化推广模式，不断尝试通过各类活动和主题展示具象化的绿色生活理念。以“绿色自治”为目标，针对不同人群创立“果色 family”“果色 fashion”“果色 baby”等个性化项目，强化凝聚效应，形成正能量的绿色集群。同时，以简单、可复制的模式，引导更多人从参与者、体验者向传播者转变，以“蔬果生活”为驱动，突出实践体验，致力研发“都市绿农种植模式”“垃圾分类三个行动令”等产品模式，让绿色真正融于生活。

“果色 family”是上海市黄浦区文化公益促进会为居委会“妇女之家”建设量身打造的品牌项目，通过提供更多可以发挥作用的途径和方法，更好地实现激活其参与动力、宣传动员的作用。“果色 family”项目，希望通过系列活动发挥“妇女之家”的服务功能，进一步增强对基层妇女群众的吸引力、凝聚力和号召力；通过以“绿色”为主题的课程及活动，提高居民的文明礼仪和生态文明意识，挖掘社区“绿色”需求，引领妇女和家庭建立科学、文明、低碳的生活方式；通过培养“妇女之家”骨干队伍，引导其从活动参与性向主导性转变，帮助其培育有自身特色的品牌项目。

自 2014 年至今，“果色 family”项目内容不断扩充，以绿色生活为主题，设置更多丰富多元的、与老百姓生活息息相关的话题，激发公众参与意识，美化社区环境，推广绿色生活方式，推广垃圾分类等，从而提升社区绿色文化氛围。

自 2017 年起推出的“果色 family·绿街坊”项目，分别以“老式里弄”“老式公房”“高层住宅”“高档住宅”“保护建筑”等具黄浦特色的住宅小区作为试点，挖掘社区特色，通过“绿街坊”骨干志愿者团队和“果色大家庭”的建设，从“妇女之家”开始，以“绿色”为抓手，探索形成了一个具有长效机制的社区自治模式。

在项目进程中完善“绿街坊”建设模式的同时，尝试4种不同类型的应用模式，塑造典型案例。进一步完善绿街坊志愿者、乐绿讲师培训体系，总结试点社区创建特色及经验教训，完善不同类型社区的绿街坊建设模板，实现以绿色为抓手，以人文为纽带，吸引更多居民参与社区自治，通过广泛动员实践绿色生活方式，提升社区文化氛围。通过“绿街坊”建设模板及典型案例的宣传，进一步激活基层“妇女之家”，扩大其在基层的知晓度和影响力。

在项目执行过程中，“果色family”通过制度建设、档案管理、沟通管理、质量监控、服务成效测评等机制，充分调动参与者的积极性。如在制度建设方面，各社区设立台账，并建立“绿街坊”志愿者、绿色小队微信群等，加强交流互动，开展志愿者培训等。在档案管理方面，通过台账手册、通讯稿、签到单等记录每次的活动情况。在沟通管理方面，配有专人联络排课，通过微信群等为“居民互动分享”等事宜提供渠道。在质量监控方面，每个社区由专门的讲师负责，每次活动都会反馈台账信息，在志愿者培训及小组长培训中，收集居民意见建议，及时与项目方沟通，讨论并给出解决方案。通过台账记录项目过程、居民感想及反馈，以调研问卷形式测评服务成效。

项目前期，上海市黄浦区文化公益促进会对打浦桥街道、南京东路街道等十几个居委会走访调研，对社区环境布局、绿化情况、居民参与自治等情况进行了解，并针对“绿街坊”志愿者人选、模拟绿色空间、模拟堆肥空间、项目实施计划、志愿者培训等问题进行研讨。项目实施过程中，注重培养社区骨干，提升团队的持续性、延展性，对大组长、记录员、乐绿讲师等志愿者，实施线下培训和实际操作指导。在线上微信群，以绿色为话题展开互动，为社区居民提供立体式的交流平台，逐渐引导居民从“参与性”向“主导性”转变，形成一支有组织、有制度、有分工，不断壮大的社区绿化长期志愿者团队——绿街坊。

另外，通过自助点单，培育特色课程。通过居民“自主点单课程”及“走进绿色”等特色培训课程，以及寻绿、护绿、添绿活动，有层次地吸新凝旧，

▲ 和合坊花市活动现场。

以绿色生活、垃圾分类为抓手，增强居民参与的积极性及持续性，使社区凝聚力不断增强。

同时，为了促进“果色 family”项目的持续性及绿街坊团队归属感，在项目中期，“都市绿农”以项目形式与黄浦区文明办沟通，在“上海志愿者网”注册了“绿街坊志愿者”团队。目前，注册人数为 37 人。

通过 4 年的累积和探索，最终形成了有理念、有方法的“果色 family”系列社区服务项目，有引导居民参与的“果色 family 走进绿色”（入门项目），培育社区绿色骨干的“绿街坊”（提升项目），以及挖掘社区特色的后续项目，如弄堂绿趣、种子花园、绿动淮海坊等，都在不同程度完善了绿色文化推广的长效机制，项目的延展性也得到充实。在行为倡导上，兼顾居民特点，通过多元的、丰富的、与生活息息相关的课程内容，把环保理念变得接地气、可践行、可持续。如通过阳台种菜、厨房酵素、随手扫除、垃圾分类、绿宠、绿色亲子、绿色空间等多类课件，开展绿色接力、与绿色在一起的午后时光、绿色邻里游园会等多种活动形式，有效引导居民参与、融入。

成果与影响

“果色 family”项目如今已覆盖了上海市黄浦区70% 居委妇女之家，以绿色推动社区自治，建设绿色共享空间。引导居民走出家门，关注社区参与共建。“果色 family · 绿街坊”项目在两年时间里，在多个有黄浦建筑特色的小区开展改造；通过项目的不断推进，建立多支由普通居民组成的绿色团队，由热心居民组成的骨干团队；建起的微信群互动活跃，吸引了众多爱绿居民的加入，在社区带动环保氛围，关注和参与小区环境建设，邻里互动也更和谐融洽。

同时，以绿色生活为主题，形成政府引导、专家指导、社会组织辅导、居民主导的社区绿色空间格局。鼓励和支持居民通过自发组建群众自治组织，参与社区绿化建设和管理，让空间有人建、有人养，营造爱绿护绿的良好社会氛围。

培育社区自治骨干，普及环境科学知识。通过建立“绿街坊”社区自

▲ 绿街坊合影。

治团队，建立起软硬件兼顾的社区绿化服务长效机制，在引导居民从参与性向主导性转变的同时，逐步提高社区自治软实力。同时，培育“绿色生活讲师团”，使其成为社区环保行动传播者和行动者。

在老城乡中融入绿色元素。绿色空间改造的成功，也意味着以里弄生活为代表的近代上海石库门文化也可以随着时代的演进发生变化。“果色 family”项目实施以来，根据各社区的风貌特色，以直观的微改造建立绿色共享空间，进一步提升了居民的获得感。如淮海路“和合坊”成为了黄浦弄堂中的明星，受到各方关注，成为社区自治项目的示范点，展现出居民参与社区绿化自治的影响力。以淮海路为中心轴，又增加 4 个试点社区。策划推出的“年宵花市”活动，为社区居民提供更多蔬果苗，一起装饰居室、装点社区，让弄堂重获浓浓年味儿。另外，外滩街道的“上海小楼”、五里桥街道的“种子花园”、老旧公房里的“空中花园”等，以花卉与蔬果取代弄堂里的废弃物，让海派文化搭配绿色微更新，演绎出独具韵味的社区绿色故事。

▲ 社区改造一角。

“海菜花课堂”水主题科普活动

组织单位：贵州省环境宣传教育中心
推荐单位：贵州省环境宣传教育中心

案例简介

贵州省环境宣教中心每年都以小额资助的方式支持本土环保社会组织——贵阳黔仁生态公益发展中心（以下简称黔仁生态），探索具有本土意义的环境教育模式，定期开展“海菜花课堂”水主题环境科普教育活动，共同开展水环境教育。“海菜花课堂”自开设以来，已组织17次主题环境教育活动，共计400余人次参与。其因地制宜设计的亲民、亲水活动，让少年儿童与父母在感受自然之美、学习环境知识、培养环境素养的同时，了解生态环境政策，在潜移默化中践行环境友好型生活理念和生活方式。

实施过程

推动长江经济带发展要“共抓大保护、不搞大开发”，贵州、广西、云南是长江、珠江重要生态屏障，这3个地区水环境的好坏，不仅事关当地社会经济的发展，也影响到“两江”地区的水环境安全。保护水环境，对公众来说这样的目标过于空泛，选用一个具体而明确的目标让公众更好地了解身边的水环境显得尤为重要，“海菜花课堂”因此进入贵州省环境宣传教育中心的视线。

海菜花为我国特有水生植物，被称为“水质检验员”，曾经广泛分布于我国西南、华南诸省。作为对水质要求近乎苛刻的一种沉水植物，海菜花要在干净的浮流里才能生长，而水质污染、人为捕捞一度让海菜花生存家园大面积消失。现在仅在贵州、广西、云南等地的干净湖泊和水田里还

▲ 参与活动的小朋友为贵州水源守护者代言，希望更多人关注和参与贵州水环境保护工作。

▲ 参与活动的小朋友在用 pH 测试笔检测河水酸碱度。

能见到它的身影。

“海菜花课堂”以海菜花作为水主题环境科普教育课堂的象征，寓意让每一条贵州河流都开满海菜花，让长江流域重现海菜花的美丽身姿。而以儿童为重点开展环境科普教育活动，不仅其本身受益，还能通过他们影响父母家人、同学、朋友，产生更为深远的影响。

自“海菜花课堂”开设以来，采取团队预约的方式，以家庭为单位进行邀请，组织了一系列水主题环境科普教育活动。由贵州省环境宣传教育中心负责活动的筹备资助、成员募集、派驻讲师，黔仁生态负责现场组织、拍摄记录、活动总结。

课程以 6 ~ 12 岁青少年儿童及其父母作为主要目标对象，其他类别为辅。每次课程为 2 ~ 3 小时，路程较远的溯溪等活动则根据实际情况确定。

在多次海菜花探寻活动中，引导亲子家庭去发现海菜花、认识海菜花，发现身边的清水世界。在具体的操作中，亲子家庭检测水质，用物理方法测量河水流速，记录河边垃圾种类，对附近村民进行访谈，通过各种途径更深入认识河流。

在活动目标上，引导参与者建立对“人与环境”关系的正确认知；提升参与者的环境意识，增强其环保行动力；对本地水环境状况有更直接、直观的认知；强化参与者对贵州水环境保护工作的重要意义的认知。

在主题活动设计原则及理念上，活动设计强调“乐”，快乐，让参与者在快乐中体验与学习；以参与式体验为主，知识讲解为辅；在保证安全的前提下，强调“五感”的体验和身体的解放。

除了针对“海菜花”的环境教育，活动还延伸开展水环境的科普。如结合国家环保设施向公众开放的安排，2018 年 3 月 24 日“世界水日”期间，黔仁生态与贵州省环境宣传教育中心共同主办了“世界水日，我们一起探访水足迹”主题活动。17 个市民亲子家庭参观了青山污水处理厂，了解污水处理厂的运作以及污水处理的过程；还自制简易污水净化装置，体验污水处理过程；参观贵阳水环境科普馆，学习水科普知识。

为了让亲子家庭有更多的亲水机会，与水亲密接触，“海菜花课堂”在暑假期间组织了多期溯溪、水生昆虫观察等活动，让小朋友与父母一起走进大自然，在快乐中感受自然之美，认识水环境，学习生态知识。

2019 年 1 月，8 个亲子家庭参与了海菜花课堂的最新一期水源地探访活动。他们在省级民间河长王吉勇、何琪的带领下一起考察花溪河饮用水水源地，并根据“海菜花课堂”课程卡完成相应的学习内容，了解河长制，关注饮用水水源地保护。

▲ 活动中，一位父亲与孩子一起观察海菜花。

▲ 亲子家庭观察记录沿河排水口。

成果与影响

寻找海菜花这个目标激发了公众好奇心，也让参与者学会尊重人与自然关系，并清晰地看到人类社会的活动与自然变化间的关系——人类活动带给自然怎样的变化，而自然的改变反过来又如何影响人类的生活，从而引发人们感悟、思考，自省当下的生活应如何与自然和谐共存。

"海菜花课堂"是贵州本土环境科普教育模式的积极探索。同时，作为"两江"上游屏障地区，贵州的尝试不仅使本地受益，也有益于"两江"下游的水环境保护。海菜花、浮游生物、底栖动物等，全国许多地方都能找到自己的水质指示生物。因地制宜设计开展活动，贴近青少年儿童、贴近本土文化、贴近大地的环境科普教育，海菜花课堂起到了良好的示范作用，也得到了公众的认可和喜爱。

在贵州省环境宣传教育中心、广东省千禾社区公益基金会、贵阳市民政局、贵阳市慈善总会等单位支持下，"海菜花课堂"已组织了 17 次主题环境教育活动。

▲ 王吉勇带领亲子家庭观察花溪河里的海菜花，分享海菜花的知识。

北京环保儿童艺术节
第三届
唱响蓝天
艺童绽放

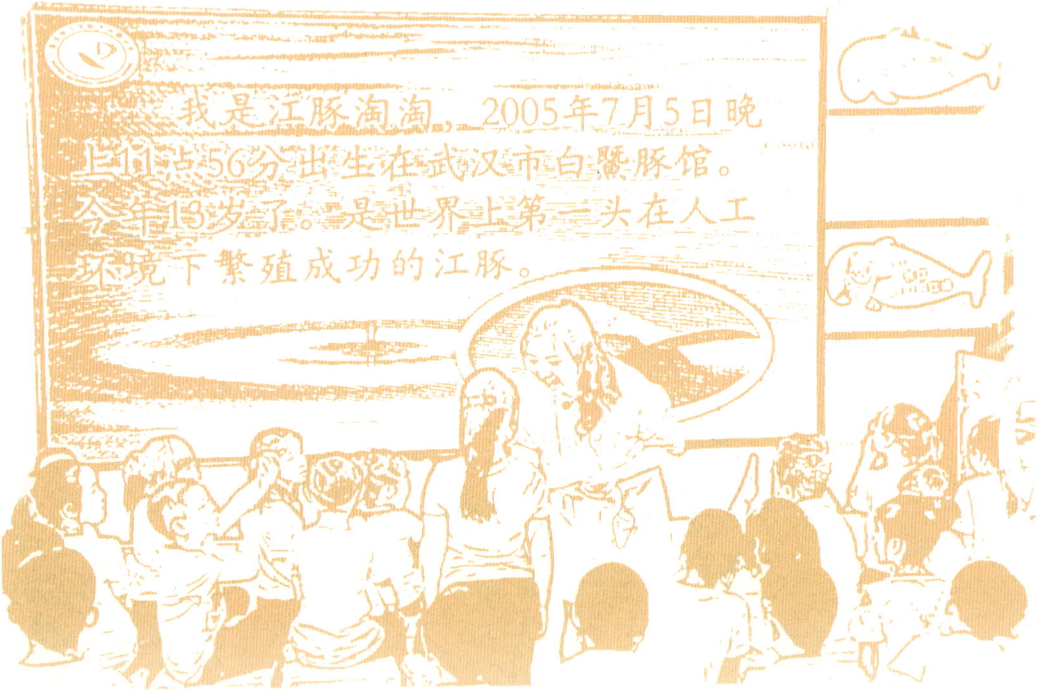
我是江豚淘淘，2005年7月5日晚上11点56分出生在武汉市白鱀豚馆。今年13岁了。是世界上第一头在人工环境下繁殖成功的江豚。